山西省基础研究计划（自由探索类）项目（2022030421212180）
山西省高等学校科技创新项目（2020L0509）
山西教育强省学会联合体专项课题研究项目（YJSJCJY-2370）
太原师范学院研究生教育创新项目（SYYJSYC-2431）

水稻 Malectin/malectin-like 家族蛋白
参与干旱胁迫应答的分子机制研究

景秀清　著

中国原子能出版社

图书在版编目（CIP）数据

　水稻 Malectin/malectin-like 家族蛋白参与干旱胁迫
应答的分子机制研究 / 景秀清著. -- 北京：中国原子
能出版社, 2024. 11. -- ISBN 978-7-5221-3725-4

　Ⅰ. S511

　中国国家版本馆 CIP 数据核字第 2024PX9380 号

水稻 Malectin/malectin-like 家族蛋白参与干旱胁迫应答的分子机制研究

出版发行	中国原子能出版社（北京市海淀区阜成路 43 号　100048）
责任编辑	陈　喆
责任印制	赵　明
印　　刷	北京天恒嘉业印刷有限公司
经　　销	全国新华书店
开　　本	787 mm×1092 mm　1/16
印　　张	12.375
字　　数	168 千字
版　　次	2024 年 11 月第 1 版　2024 年 11 月第 1 次印刷
书　　号	ISBN 978-7-5221-3725-4　　　定　价　72.00 元

发行电话：010-88828678

作者简介

　　景秀清，女，汉族，1985年6月出生，中共党员，山西临汾人。毕业于西北农林科技大学生命学院，博士研究生。现就职于太原师范学院，硕士研究生导师，山西省重点实验室汾河流域地表过程与资源生态安全成员，目前主要从事植物逆境应答细胞分子机制的解析、作物抗逆新种质的创制等研究。主持省部级项目2项，指导研究生教育创新项目1项、大学生创新创业训练项目2项，先后在 *Plant Physiology*、*Rice* 等权威学术刊物上发表学术论文10余篇，授权专利3项，参编教材1部。

前　言

　　类受体蛋白激酶（receptor-like protein kinases，RLKs）在调节植物生长发育、逆境信号感知与传递，以及抗逆性形成中均具有重要功能。植物中包含 Malectin/malectin-like 结构域的蛋白质（Malectin/malectin-like domain containing proteins，MPs）是植物中新近鉴定到的一类蛋白质，可分为两类：Malectin/malectin-like 类受体蛋白激酶（Malectin/malectin-like domain containing receptor-like kinases，MRLKs）和 Malectin/malectin-like 类受体蛋白（Malectin/malectin-like domain containing receptor-like proteins，MRLPs）。植物 MRLKs 中研究较多的是 Cr RLK1Ls，主要参与植物细胞壁完整性的调节、花粉管的发育与识别、植物免疫反应等过程，是当前植物学研究领域的新热点。然而，迄今为止 MRLKs 功能及其信号调控机制的研究，还主要集中在模式植物拟南芥的个别成员如 FERONIA（FER），ANXUR1（ANX1）和 ANXUR2（ANX2）等上面，在其他植物尤其是水稻、小麦等大作物上的研究还极为缺乏。此外，尽管 FER、ANX1/2 等 MRLKs 参与植物免疫和/或花粉管发育与识别的机制得到了较深入的研究，但其在植物响应干旱等非生物胁迫响应中的信号调控机制尚未建立。因此，深入研究水稻等大作物中 MPs 的功能及其响应逆境信号的分子调控机制具有重要的生物学意义和应用潜力。

　　本书深入探究了水稻 Malectin/malectin-like 家族蛋白参与干旱胁迫应答

的分子机制。梳理介绍了 Malectin/malectin-like 家族蛋白与植物胁迫响应的基础知识；详细解析了水稻中该家族成员的鉴定过程及其特征分析，揭示了其结构和功能特点；重点阐述了水稻 OsMRLK63 和 OsMRLP15 两个关键成员如何参与干旱胁迫应答的分子机制，并通过科学实验揭示了其作用路径。

本书结构清晰、数据翔实，适合植物学、分子生物学、遗传学等领域的科研工作者、高校师生及对植物干旱胁迫响应感兴趣的读者阅读，可为深入理解水稻耐旱机制提供重要参考。

作者在本书的写作过程中，参考引用了一些国内外学者的相关研究成果，也得到了许多专家和同行的帮助和支持，在此表示诚挚的感谢。由于作者的专业领域和研究环境所限，加之作者的研究水平有限，本书难以做到全面系统，谬误之处在所难免，敬请同行和读者提出宝贵意见。

目　录

第 1 章　Malectin/malectin-like 家族蛋白与植物胁迫响应

植物离不开环境，因为植物必须直接从自然环境中摄取各种物质以建造自身，并要求一定的外部环境条件以保证生命活动的进程。所以，植物与环境的关系与生俱来，而且是无时无刻不在的。面对复杂多样和不断变动的环境，植物必须通过调节内部机能以维持和扩展自身汇集资源和繁衍后代的能力，这就是"生态适应"的实质。这就是说，在植物与环境的相互关系中，环境如何影响植物、植物又如何适应环境都是要由植物的生存和生活状态表现出来。植物已经进化出合适的机制以确保它们在不断变化的环境中得以生存。

1.1　干旱对植物体的影响

非生物环境逆境胁迫（包括干旱、盐碱和极端温度等）严重影响植物的生长和发育，是农作物减产的主要因素。在植物科学中，干旱通常指的是由减少供水和/或过度蒸发需求，导致土壤水分不足，即土壤水分利用率低于植物正常的需求，导致植物体内的水分缺失。因为水分是植物中最重要的决定

物种分配规律和农作物产量的因素，植物对干旱胁迫的耐受性对它们适应复杂多变的生存环境至关重要。在地球表面的大部分地区，植物的出现和它们的生长区域，在很大程度上受到水分供给的影响比任何其他因素的影响都相对较大。此外，水分在土壤中养分的分解和流动中起重要作用，因此可以很大程度地影响植物对营养物质的利用。这就意味着水分缺失将对植物体从体细胞到生态系统的各级组织的生存和生物学功能产生巨大的影响。因此，由于水分胁迫造成的农作物产量的损失也就超过了所有其他非生物和生物胁迫造成的损失结合。因为气候变化导致世界各地区更加频繁出现严重的干旱，这个问题变得越来越重要。因此，了解植物对干旱胁迫的耐受性是至关重要的。

在陆生植物的进化及其适应干燥的外部环境的过程中，保卫细胞的出现是一个重要的里程碑。气孔作为植物体重要的门控通道，被一对保卫细胞包围，使植物可有效地利用气孔来摄取二氧化碳用于光合作用，同时通过气孔调节植物体内水分的蒸腾。通过气孔控制水分的蒸腾作用是植物生长和提高抗旱性的主要策略之一。气孔的运动，即气孔的开或关，以及气孔的开度大小，由保卫细胞质膜处的离子通道和水通道蛋白产生的压力所调节。气孔的开关运动受到环境刺激，如水分、光强和二氧化碳，以及内源性因子，如脱落酸（Abscisic acid，ABA）、Ca^{2+}和活性氧（Reactive oxygen species，ROS）水平的严格调控。

NADPH 氧化酶，即呼吸爆发氧化酶同源物（Respiratory burst oxidase homologs，RBOHs）和核心 ABA 信号组件，几乎与保卫细胞同时出现在陆生植物进化过程中。当面对干旱等非生物胁迫时，植物首先会迅速积累 ROS 作为第一层的防御系统。植物体内的 ROS 种类多样，包括单线态氧（Singlet oxygen，$^1O_2$）、超氧阴离子（Superoxide anions，O_2^-）、过氧化氢（Hydrogen peroxide，H_2O_2）和羟基自由基（Hydroxyl radicals，·OH）。ROS 具有较高的化学活性，且相对较短的半衰期。因其自身固有的特点，ROS 可使蛋白质、脂质、核酸等生物大分子受损，最终导致细胞死亡。另一方面，ROS 作为信

号分子，通过形成共价键的形式来修饰蛋白的功能，是程序性细胞死亡（Programmed cell death，PCD）的主要诱导因子之一。H_2O_2 具有相对较长的半衰期，比其他形式的 ROS 更稳定，在细胞间通讯、胞内信号触发下游反应的信号转导中起重要作用。

1.2　植物体复杂的防御系统

生物胁迫和非生物胁迫作为自然生态系统的一部分，严重影响作物的产量，威胁全球的粮食安全。植物作为固着生物，在整个生命活动期间持续面临一系列的生物胁迫（例如，生物营养和坏死性真菌、细菌、植物胞浆菌，以及非细胞的病原体，即病毒和类病毒）和非生物胁迫（如热害、冷害、干旱胁迫、盐碱胁迫，机械损伤，高光强和重金属）的影响。植物对外界环境因子的适应性和抵抗力称为植物的抗逆性。植物在进化过程中获得了一系列复杂且有效的免疫系统来应对各种环境胁迫因子，使其作为固着生物，不仅可以应对某种特定的胁迫因素，同时也可以应对多种胁迫因素的综合作用。植物体对生物和非生物应激响应模式的交互作用可以在细胞水平和分子水平上尽可能地确保植物细胞在遇到胁迫时可以安然无恙地生存。

1.2.1　植物体的防御系统

植物体在进化过程中通过双层防御系统的激活，形成一个复杂的防御网络。病原体/微生物相关分子模式（Pathogen/microbe associated molecular patterns，PAMP/MAMP）触发的免疫反应（PAMP/MAPM triggered immunity，PTI）是植物体的第一道防线。它是一种通用的、非特异性的防御系统，不仅仅对所有的微生物病原菌拥有基本的抵抗力，也对所有的非生物胁迫拥有基本的抵抗力。PTI 通过一系列早期的细胞应激构成可诱导的防御系统，包括离子的跨生物膜传递、活性氧（Reactive oxygen species，ROS）的产生和积累、有丝分裂原激活蛋白激酶（Mitogen-activated protein kinase，MAPK）级联反应中各组分的磷酸化和后期产生的可诱导的胼胝质沉积等长期反应。防御反应相关的植物激素包括水杨酸（Salicylic acid，SA）、茉莉酸（Jasmonic acid，JA）、乙烯（Ethylene，ET）和脱落酸（Abscisic acid，ABA），它们是免疫系统的核心信号成分，参与调节植物应对生物胁迫和非生物胁迫响应的过程。其中，ROS，MAPK 级联反应和激素信号通路在植物体应对生物胁迫和非生物胁迫的防御反应过程中起至关重要的作用。即由 PAMP/MAPM 激活的 PTI 是"胁迫触发的免疫系统"，在植物应对多种生物和非生物胁迫过程中具有进化上相对保守的分子特征。

效应器触发的免疫反应（The effector-triggered immunity，ETI）是植物体免疫系统的第二道防线，它是一种持久且强健的针对各类病原体感染的免疫反应。当被称为效应器（Effectors）的病原体的毒力因子被释放到植物细胞中时，ETI 可以被抗病基因（Resistance genes，*R* 基因）激活。如果植物体的可被诱导的非特定的第一道免疫防御系统（即所谓的 PTI）被攻破，即病原菌穿过了 PTI 反应的抑制作用，植物体的第二道免疫防御系统（即所谓的 ETI）就会被激活，产生防御相关蛋白，介导编程性的细胞死亡，即过敏反应（hypersensitive response，HR）。

因此，在胁迫信号被识别之后，免疫系统可触发一系列的防御机制，通过类受体蛋白信号转导级联反应，激酶级联反应，ROS，激素信号通路、热休克蛋白和转录因子等来保护植物细胞免受各类胁迫的影响。植物进化出的这套复杂的免疫防御机制可以确保其作为固着生物，不仅可以应对某种特定的胁迫因素，同时可以应对多种胁迫因素的综合作用。理解并有效运用复杂的植物防御机制可以最大限度地减少胁迫信号对植物生长、发育和作物产量的影响，甚至可以最大限度地延长植物的寿命。

1.2.2　植物体与非生物逆境胁迫

植物体作为固着生物，必须应对环境中的各类生物胁迫和非生物胁迫。

模式识别受体（Pattern recognition receptors，PRRs）是一类定位于植物细胞表面的特殊蛋白，可检测外界环境中一系列的逆境胁迫因子，进而触发 PTI。基于对 PRRs 的要求，植物中的 PRRs 分为两类：类受体蛋白（Receptor-like protein，RLPs）和类受体蛋白激酶（Receptor-like protein kinases，RLKs）。植物细胞的 RLPs 和 RLKs 都具有多变的胞外配体结合结构域，用于识别环境中各种各样的胞外信号分子。典型的 RLKs 是一个跨膜蛋白，除了位于胞外的配体结合结构域之外，还有位于胞内的激酶结构域，可以与胞内的其他成分相互作用，从而将胞外配体结合结构域所识别的信号传递到胞内，介导胞外信号在细胞内的进一步传导，实现信号的跨膜传递。关于植物体响应生物和非生物逆境胁迫的信号网络已经被报道了很多，这些信号网络包括 ROS 信号、MAPK 级联反应信号和激素信号等多条信号网络。

1.2.2.1　植物体应对非生物逆境胁迫过程中的 ROS 信号网络

在植物体内，以 H_2O_2 为中心的 ROS 的产生和积累是植物体感知并应对复杂的环境胁迫因子的一种重要的调控机制。植物体内的 ROS 种类多样，包括过氧化氢（H_2O_2）、超氧自由基（$\cdot O_2^-$）、羟基自由基（$\cdot OH$）和单线态氧（$^1O_2$）等，这些大都来自分子氧的激发或不完全还原反应，是有机体有氧运动中基本细胞代谢的有害副产物。除 ROS 的毒性外，ROS 还可作为调节植物体生长、发育、响应生物和非生物应激反应过程中的信号分子。目前为止已有许多研究集中于对 ROS 代谢机制、ROS 感知、ROS 信号网络以及在发育和应激反应过程中与其他信号分子的互作网络的研究。植物体内存在一套复杂且有效的抗氧化防御系统，可确保植物细胞内 ROS 的含量保持在一定的相对稳定的水平，低浓度的 ROS 可以作为信号分子感知并传递胁迫信号，但是高浓度的 ROS 却可以引起植物细胞的氧化损伤，甚至导致细胞的死亡。植物体已经进化出一套高效的酶依赖性和非酶依赖性的抗氧化防御系统，可防止自身氧化损害，并可精细调节 ROS 的水平，使其稳定地维持在较低水平的状态，以便行使其信号分子的功能。

1.2.2.2　植物体应对非生物逆境胁迫过程中的 MAPK 信号网络

植物细胞的应激反应系统是由相互作用的蛋白质组成的分层的级联的复杂的网络系统，在此系统中，其中一个成员的作用依赖于它和其他成员的相互作用以及彼此之间的活化作用。在这个过程中，位于细胞表面的 PRRs 感知细胞外的刺激并使用特定的途径将细胞外的信号转化为细胞内的信号，介导由 MAPK 激酶级联反应和第二信使调控的下游磷酸化事件，进而产生一系列的适应性响应。信号分子的灵活性和精准的组织分布可以驱动活化的 MAPK 激酶到达合适的位置和形成适当的网络来控制和整合信息流。MAPK 激酶级联反应系统可以将信号从 PRRs 传递到特定的效应器，在植物发育和各类适应性响应过程中调节特异性基因的表达、细胞的活性和蛋白质的功能等。

一些已完成的植物基因组的测序结果显示植物中的 MAPK 激酶级联反应信号模块成员分为四类基因家族。例如，在拟南芥基因组中有 10 个 MAP4K、80 个 MAP3K、10 个 MAP2K 和 20 个 MPK 基因。由于缺少 MAP4K 的信息，MAPK 激酶信号模块通常描述为由三种蛋白质组成，从 MAP3K（也称 MEKK、MKKK、MAPKKK）开始激活 MAP2K（也称 MEK、MKK 或 MAPKK），MAP2K 依次激活 MAPK（也称 MPK）。这些基因的顺序激活模式为 MAPKKK-MAPKK-MAPK 模块。这些 MAPK 激酶的激活是一个连续的过程，通过其激酶结构域的活性区域内的一些保守的氨基酸残基发生磷酸化作用而进行。MAPK 具有磷酸酯酶活性，作为信号开关调节许多下游靶标的活动，来控制植物体适应多变的环境过程中的细胞信号传导。通过 MAPK 激酶的信号转导非常复杂，是由于 MAPK 激酶级联反应是多层次的系统，其基因家族成员具有多种生物学功能，如参与植物发育，免疫防御系统，激素信号以及对生物和非生物胁迫的应激反应等。

很多研究结果表明，MAPK 激酶参与许多草本和木本植物对干旱胁迫的

耐受性。例如，在拟南芥中的研究发现，MAPK 激酶 MPK6 通过调控 RNA 的去折叠活性来提高植物对脱水的耐受性；MPK6 也可以与 MYB41 互作并激活 MYB41，进而提高拟南芥的耐盐性。瞬时表运分析发现 MPK 和 MKK 成员可以激活脱水反应基因 *RD*29 启动子，表明 MAPK 激酶级联反应参与 *RD*29 介导的干旱信号。对拟南芥中 44 种 MAPK 激酶在响应不同非生物应激下的表达模式进行的转录调控分析，证明 *MPK*1、*MPK*3、*MPK*4、*MPK*5、*MPK*12 和 *MAPKKK*4 受水分胁迫诱导表达。拟南芥 MAPK 激酶级联信号通路（由 MEKK1、MKK2 和 MPK4/MPK6 组成）已经被证实在盐胁迫及冷胁迫中起作用。

在水稻中，研究发现 DSM1（一种 Raf-like 的 MAPKKK 蛋白）是一个潜在 ROS 清除剂，可增加植物对脱水胁迫的耐受性。水稻中的 MAPK 激酶，如 *OsMAPK*44、*OsMSRMK*3、*OsMSRMK*2、*OsEDR*1、*OsMAPK*5 和 *OsMAPK*4 已确定作为盐胁迫的应激反应基因。另外，水稻中 10 个 MAPKK 家族成员中有 5 个已被报告参与干旱胁迫的转录调控。*OsMKK*4 和 *OsMKK*6 也可被冷害和热胁迫强烈调节。在水稻中，由 *OsMKK6-OsMPK3* 组成的级联反应信号通路已被确定参与调控冷冻胁迫。

例如，玉米中一个新的 MAPK 基因 *ZmMPK*3 被证明是干旱应激响应基因；*ZmMKK*4 和 *ZmMPK*17 被证明受冷胁迫的诱导；将一个烟草 MAPKKK 基因 *NPK*1 转入玉米中可显著增强玉米对干旱的抵抗性；同样，过表达 *GhMPK*2 的转基因棉花表现出增强的渗透调节能力和提高的耐盐性。*GhMPK*16 也被鉴定为干旱应激基因。

1.2.2.3　植物体应对非生物逆境胁迫过程中的 ABA 信号网络

ABA 信号通路是植物体应对干旱和盐胁迫的核心信号通路。近年来胁迫信号研究的重要进展之一是 ABA 核心信号通路的解析和 ABA 受体的鉴别。化学遗传学结合蛋白质相互作用研究，鉴定到具有 START 结构域的可溶性蛋白 PYR/PYL/RCAR 家族是 ABA 受体。PP2Cs 家族成员，例如 ABI1、ABI2、

HAB1 和 PP2CA，被认为是 PYR/PYL/RCAR 结合 ABA 的共受体，可显著提高 PYR/PYL/RCAR 结合 ABA 的结合效率，在胁迫响应中一般会以 PYL-ABA-PP2C 复合体而起作用。不存在 ABA 时，PP2Cs 和 SnRK2 激酶结合，通过阻止 SnRK2 的催化裂缝和活性中心环的去磷酸化来保持 SnRK2 的激酶活性。ABA 进入 PYLs 的疏水活性中心，使其收缩，与 PP2Cs 结合，形成 PYL-ABA-PP2C 复合体。复合体中 PP2Cs 的蛋白激酶活性被 PYL-ABA 复合体抑制。PYL-ABA 复合体对 PP2Cs 的结合和活性抑制可以将 SnRK2 从 PP2Cs 和 SnRK2 的相互作用形成的复合体中释放出来。释放出来的 SnRK2 可以通过磷酸化作用被激活，进而磷酸化下游效应器。GTPase ROP11 可以与 ABI1 相互作用并保护 ABI1 免受 PYL9 的抑制。反过来，ABI1 和其他 PP2Cs 成员可以保护 GTP 交换因子 ROPGEF1 免受 ABA 诱导的降解，从而形成 RopGEF-ROP-PP2C 调节回路，在无胁迫压力的情况下通过排除单分子的 PYLs 引起的 ABA 信号的泄漏。

ABA 强烈激活 SnRK2.2、SnRK2.3 和 SnRK2.6/OST1，弱激活 SnRK2.7 和 SnRK2.8。拟南芥的 SnRK2.2/3/6 三重突变体在种子的萌发、幼苗的生长、气孔关闭和基因调控方面对 ABA 极不敏感。许多 ABA 反应的效应蛋白是 SnRK2 激酶的直接底物。bZIP 转录因子 ABI5 和 ABFs 可被 SnRK2s 磷酸化。大部分 ABA 信号发生在质膜上。ABA 核心信号模块 PYL-PP2C-SNRK2 可以激活一系列的 MAPK 激酶级联反应，包括 MAP3Ks（MAP3K17/18）、MAP2K（MKK3），以及 MAPKs（MPK1/2/7/14），它们可以通过磷酸化作用调节许多 ABA 的效应蛋白。

被 ABA 激活的 SnRK2s 也能磷酸化 RbohF，磷酸化产生的 O^{2-} 被释放到细胞间隙。O^{2-} 随后形成 H_2O_2，H_2O_2 作为信号分子，可以调节各种 ABA 响应途径，如气孔关闭等。MAPK 激酶 MPK9 和 MPK12 在 ROS 下游功能冗余地调控保卫细胞的阴离子通道并且影响 ABA 对气孔关闭的调节。另一个连接 ABA 信号通路和 ROS 信号通路的重要组件是质膜 RLK GHR1。GHR1

可与 SLAC1 相互作用并被激活。GHR1 是 ABA 和 ROS 调节气孔关闭过程中的关键因子。ABA 引发的钙信号可激活 CBL1/9-CIPK26 模块，导致效应蛋白如 RbohF 的磷酸化。除了诱导 H_2O_2 和 Ca^{2+} 信号外，ABA 还可以引发一氧化氮（NO）和磷脂质（如磷脂酸）的生成。磷脂酸可以通过结合和激活 RbohD 和 RbohF，从而助力于 ABA 信号传导。因此，植物体 ABA 响应过程中对效应器的调控形成一个复杂的信号网络，不仅包括核心途径 PYL-PP2C-SnRK2 的信号通路，也包括其他涉及 ROS、NO、Ca^{2+}、磷脂质和其他激酶的信号途径。

1.3　类受体激酶参与植物胁迫响应

植物体应对外界环境胁迫的必要因素是快速地诱导植物的免疫反应。植物利用一系列定位于细胞表面的 PRRs 来检测外界环境中的各类逆境胁迫因子，进而触发免疫反应。参与植物免疫反应的 PRRs 主要是位于细胞表面的 LRKs 和 RLPs。RLKs 是植物中的一大类蛋白激酶，具有胞外的可结合配体的结构域、跨膜结构域和胞内具有催化活性的激酶结构。LRKs 通过它们的蛋白激酶活性将胞外配体识别的信号传递到位于细胞质中的靶标分子。研究表明拟南芥中有 600 多个 RLKs，水稻中有 1 100 多个 RLKs。这些 RLKs 参与调控植物生长、发育及应对非生物应激反应过程中的稳态调节等各种生物学过程。此外，RLKs 在整合环境与植物激素信号的过程中发挥着非常大的作用。

1.3.1　RLKs 参与植物体对生物胁迫的免疫反应

植物响应病原体攻击的第一层防御系统是由 PRRs 识别 PAMPs 而诱发，称为 PTI。PRRs 包括多种 RLKs 和 RLPs，如 FLS2、CERK1、CEBiP、LYM1、

LYM3、LYP4 和 LYP6。这些 PRRs 直接识别 PAMPs，如细菌生物鞭毛蛋白（Flagellin）、几丁质（Chitin）或肽聚糖（Peptidoglycan，PGN）。PTI 的激活可以导致一系列的免疫反应，包括胼胝质的沉积、ROS 的生成，防御基因转录的诱导和有丝分裂原激活蛋白激酶（MAPK）的级联反应。配体激活的 PRRs 通过位于膜上的 RLKs 的激酶活性向下游传递信号，位于细胞内的一类特殊的 RLKs，被称为胞质类受体激酶（Receptor-like cytoplasmic kinases，RLCKs），在细胞内信号的传递及转导中起着非常大的作用。

1.3.1.1　植物体应对生物胁迫的免疫应激中 PRRs 的识别

鞭毛蛋白是一种在细菌病原体中高度保守的 PAMP。鞭毛蛋白的 N 末端存在一个由 22 个氨基酸组成的肽段 flg22，它可被 FLS2 特异性识别。在不存在 flg22 的情况下，FLS2 可形成同源二聚体。当感知到 flg22 时，FLS2 迅速与另一个 LRR-RLK BAK1 形成复合体。这种关联在几秒钟内发生并导致 FLS2 和 BAK1 的快速磷酸化。激活的复合物将信号传输到下游成分，开始由 flg22 介导的 PTI。

几丁质作为真菌细胞壁的主要成分，是一种 β-1，4-N-乙酰氨基葡萄糖（β-1，4-linked N-acetyl-glucosamine）的线性聚合物结构。在拟南芥中，几丁质由 AtCERK1 所识别。几丁质可诱导 AtCERK1 形成同源二聚体，而 AtCERK1 同源二聚体的形成是下游信号成分活化所必需的。但是水稻中的 OsCERK1 并不能结合几丁质。为了响应几丁质，水稻中的 OsCERK1 和一个含细胞外赖氨酸基序（Lysm）结构域的类受体蛋白 OsCEBiP 形成一个异源二聚体，而 OsCEBiP 可直接结合几丁质，随后激活由几丁质介导的 PTI。由此可以看出，拟南芥和水稻以不同的方式感知几丁质。

PGN 是细菌细胞壁的一种重要成分，它具有类似于几丁质的结构。在拟南芥中，类受体蛋白激酶 AtCERK1 和类受体蛋白 AtLYM1 和 AtLYM3 协同识别 PGN。在水稻中 OsLYP4 和 OsLYP6，作为拟南芥 AtLYM1 和 AtLYM3

在水稻中的同源物，也可直接结合 PNG，暗示 OsCERK1 可以在 OsLYP4 和 OsLYP6 的协助下识别 PNG。

1.3.1.2　RLCK 是 PRR 介导的信号转导过程中的关键调节因子

RLKs 家族是一个很庞大的家族，成员众多，其中有一类蛋白激酶缺乏胞外的配体结合结构域，被称为 RLCKs。根据 RLCKs 系统进化关系，将 RLCKs 分为 13 个亚家族（RLCKs Ⅰ-Ⅷ）。BIK1 是拟南芥 AtRLCK Ⅶ亚家族的一个成员，可与 FLS2 和 EFR 相互作用。在 flg22 刺激时，BIK1 是以一种依赖于 FLS2 和 BAK1 的方式被磷酸化，并使 BIK1 得以从与 FLS2 形成的复合物中分离。随后，BIK1 诱导胼胝体的沉积和 ROS 的生成。RLCK Ⅶ家族的成员 PBS1、PBL1 和 PBL2 以及 RLCK Ⅻ的成员 BSK1 都以一种类似于 BIK1 的方式调控由 flg22 诱导的 PTI 信号通路，说明 RLCK 家族蛋白在 FLS2 信号的下游存在功能冗余。

OsRLCK185 是水稻 RLCK Ⅶ亚家族的成员，可直接被 OsCERK1 磷酸化以响应几丁质，随后与 OsCERK1 复合体解离。沉默 OsRLCK185 显示为几丁质和 PNG 诱导的 PTI 反应减弱，包括防御基因的表达量下降、ROS 产量下降以及 MAPK 激酶的激活也受到抑制。暗示 OsRLCK185 可将信号从 OsCERK1 传输到 MAPK 级联反应中。因此，非常多的证据表明植物的 RLCK 家族在配体激活的由 PRRs 介导的 PTI 信号转导中起非常大的作用。

在对 PAMPs 的反应中，MAP 激酶经常在 PRRs 的下游信号转导中被激活，BIK1、PBS1、PBL1、PBL2 和 BSK1 在 FLS2 介导 PTI 起重要作用。在水稻中，OsMPK3、OsMPK4 和 OsMPK6 可快速被几丁质磷酸化，并且它们以不同的方式被调节。OsMKK4 是 OsMPK3 和 OsMPK6 的激酶，MAK 激酶的调节模式 OsMKK4-OsMPK3/OsMPK6 级联反应已被识别。有研究显示 OsRLCK185 可联系 PRRs 和 MAP 激酶的级联反应。

1.3.2 RLKs 参与植物体对非生物胁迫的响应

在非生物的应激响应过程中，参与感知环境信号的 RLKs 已在多种植物中被确定，例如拟南芥、水稻、蒺藜苜蓿和野生大豆。这些 RLKs 有多种不同的细胞外的结构域，如 LRR，伸展蛋白类、富含半胱氨酸类等，暗示环境刺激可能激活由 RLKs 介导的多条信号通路。逐渐增多的证据表明，在非生物应激反应中 RLKs 可能具有积极或消极的调控作用。

ROS 是胁迫信号转导途径的重要第二信使。生物和非生物胁迫下，一些与 ROS 生成有关的基因被激活，来调节 ROS 的含量。在拟南芥中，*RECEPTOR-LIKE PROTEIN KINASE*1（*RPK*1）可被 ABA、脱水、高盐和低温等诱导表达，过表达 *RPK*1 的转基因植株对干旱和氧化胁迫的耐受性得到提升。拟南芥中的另一个 RPK GHR1 通过与 SLAC1 协同作用，共同控制气孔的开度来响应干旱胁迫。一个富含半胱氨酸的 RLK CRK36 是渗透胁迫和 ABA 信号传导过程中的消极调节因子。CRLK1 调节冷害胁迫的信号转导。*CRLK*1 基因敲除突变株 *crlk*1 对冷害和冻害胁迫的敏感性增加，在 *crlk*1 突变体中冷胁迫有关的基因的表达水平下调。在拟南芥中过表达 *ANK*1 后植株对渗透胁迫的抵抗力增强，而 *ahk*1 基因敲除突变株对渗透应力的敏锐性增强。

在水稻基因组中已鉴定出 1 100 多个 RLKs 基因。其中有 267 个 RLKs 参与非生物应激反应。*OsSIK*1（一个水稻 RLK 基因）可由盐、干旱和氧化胁迫诱导表达。水稻 *OsSIK*1 过表达增加了植株对盐胁迫和干旱胁迫的抵抗性，而 *OsSIK*1 的功能缺失导致对干旱和盐胁迫的抵抗力下降。

来自豆类植物和其他一些农作物的许多研究已经证明 RLKs 可以调节非生物应激反应。从蒺藜苜蓿中鉴定到的一种盐胁迫应激诱导的 LRR-RLK 基因 *SRLK*，被证明与盐胁迫的耐受性有关，他可以激活蒺藜苜蓿根系中对盐胁迫的适应性的信号通路。将野生大豆中的 *GsCBRLK* 在拟南芥中过表达可以增强植株对高盐和 ABA 的抵抗性。

1.4　Malectin/malectin-like 家族蛋白参与植物胁迫响应

植物中的 RLKs 种类多样，如细胞壁相关 LRKs，富含脯氨酸的延展蛋白 RLKs、凝集素 RLKs、富含亮氨酸的重复 RLKs。Malectin/malectin-like 结构域一般会附加到 RLKs 的 N-末端，属于植物中新鉴定到的一类 RLKs。目前研究较多的含 Malectin/malectin-like 结构域的 RLKs 是长春花类受体激酶类蛋白（*Catharanthus roseus* receptor-like kinase 1-like proteins，CrLRK1 Ls）家族。典型的 CrRLK1 Ls 蛋白都具有相似的结构域组成：Malectin-like 结构域、跨膜结构域和胞内 Ser/Thr 激酶结构域。

在模式植物拟南芥中，CrRLK1 Ls 亚科包含 17 个成员，其中 10 个成员已被研究：THESEUS1（THE1）、HERCULES1（HERK1）、HERCULES2（HERK2）、FERONIA/SIRENE（FER/SIR）、ANXUR1（ANX1）、ANXUR2（ANX2）、ERULUS/$[Ca^{2+}]_{cyt}$-ASSOCIATED PROTEIN KINASE 1（ERU/CAP1）、CURVY1（CVY1）、BUDDHA'S PAPER SEAL1（BUPS1）和 BUDDHA'S PAPER SEAL2（BUPS2）。这 10 个 RLKs 在细胞生长、植物形态发生、生殖、免疫、激素信号转导和胁迫响应等方面具有广泛而重要的作用。

1.4.1　Malectin/malectin-like 类受体激酶参与植物对生物胁迫的免疫反应

FER 在植物免疫反应中起着重要作用，最近的研究表明，FER 能对病原菌相关的分子模式（PAMPs）触发的免疫反应（PTI）产生积极影响。*fer*-2 和 *fer*-4 突变体对 PAMPs elf18 和 flg22 诱导的 ROS 爆发不太敏感，而对假单胞菌 Pto DC 3000（*Pseudomonas syringae pv.tomato DC* 3000，Pto DC 3000）的感染却非常地敏感。此外，分别用 flg22 和 elf18 处理时，还可以促进 FLAGELLIN SENSITIVE2（FLS2）和 BRASSINOSTEROID INSENSITIVE 1-ASSOCIATED RECEPTOR KINASE 1（BAK1）以及 ELONGATION FACTOR TURECEPTOR（EFR）和 BAK1 的相互作用。与分泌性肽 RALF23 共处理可以降低了 FLS2/EFR-BAK1 配体诱导的复合物的形成，显示出 RALF23 通过 FER 的结合对植物免疫有抑制作用。RALF23 以 proRALF 形式分泌，由 SITE-1 PROTEASE（S1P）加工而成。最后，FER 显然充当了定位模式识别受体复合物的细胞膜的支架，从而积极调节免疫。有趣的是，有研究显示，在根伸长过程中，RALFs 也可以激活或抑制 FER 信号，例如在根的伸长过程中 RALF1 可以激活 FER 的信号，而在幼苗生长过程中 RALF23 可以抑制 FER 的信号传递。

早先的一项研究发现，用 flg22 预处理后，FER 富集在抗去污剂的膜中。用 flg22 预处理过的野生型植物和 *fer* 幼苗，当用 flg22 二次处理时，与野生型相比，*fer* 幼苗显示出 ROS 产量增加和 MAPK 级联反应激活。这可以用最近的研究结果来解释，flg22 预处理可以诱导 RALF23 裂化，而 RALF23 可以抑制对刺激敏感的野生植物的免疫反应，但不能够抑制对刺激不敏感的 *fer* 植物的免疫反应。此外，*fer* 幼苗上的 Pto DC 3000 生长受限，似乎与 4～5 周龄 *fer* 植物对 Pto DC 3000 的极其敏感这一表型看起来相反。

令人惊讶的是，还发现了优先在花粉中表达的 ANX1 和 ANX2 在叶组织的免疫反应中起作用。ANX1 和 ANX2 似乎是负向调节 PTI 和 ETI。与野生型植物相比，*anx1*、*anx2* 和 *anx1anx2* 突变体植物表现出对 Pto DC 3000 感染的抗性增强，以及在响应 flg22 时表现出增强的 ROS 产量和 MAPK 激活作用。ANX1 可以与 FLS2，BAK1 和 BOTRYTIS-INDUCED KINASE 1（BIK1）互作，但 flg22 处理可以刺激 ANX1 与 BAK1 的互作，从而可能阻断 FLS2/BAK1 复合物的形成并随后减弱 PTI 信号。此外，ANX1 可以与核苷酸结合的含有丰富的亮氨酸的重复域（NLR）蛋白质复合物互作，使 NLR 蛋白质 RPS2

不稳定，从而抑制 RPS2 介导的细胞死亡和防御应答。因此，FER 和 ANX1 尽管有密切的同源性，但在调节模式识别受体复合物时却起了机械性的对抗作用。目前有关 PTI 信号通路中的 ANX1 依赖的负调节作用是否可被 RALF 小肽调节，ANX1 和 FER 是否与 FLS2/BAK1 复合物竞争性地结合，以及 ANX1 是否通过与 NLR 受体复合物的互作负向调节对效应器触发的免疫反应，FER 和 ANX1 的这些功能尚未被研究。

在真菌感染的情况下，*fer* 突变体植物对葡萄霉菌（*Golovinomyces orontii*）和尖孢镰刀菌（*Fusarium oxysporum*）的抗性较强。同样，在 *fer* 突变体植物中，PLANT DEFENSIN 1.2（PDF1.2）表现出较高的转录水平，PDF1.2 是一种编码具有抗真菌活性的小肽的基因。然而，这些发现并不足以证明，在真菌感染下 FER 消极地控制免疫反应，或许可以说是 FER 和它依赖的信号通路形成一个有效的易感染性目标，可被一些病原真菌所觊觎的。

1.4.2　Malectin/malectin-like 类受体激酶参与植物对非生物胁迫的响应

激素信号与植物中的胁迫信号相互作用，特别是与非生物的胁迫信号相互作用。对植物来说，胁迫应激过程中的一个重要特征是合成以及重建细胞壁。尽管非生物胁迫似乎负面的调节 *CrRLK*1 Ls 基因的表达，到目前为止，FER 几乎涉及各种非生物应激反应。例如，*fer* 幼苗对盐、冷和热胁迫，以及锂胁迫极度敏感。当用甘露醇处理时，它们是对渗透压力也是极度敏感。

此外，*fer* 植物对蔗糖高度敏感并过度积累淀粉。他们还显示出蔗糖诱导的细胞壁缺陷和提高的胁迫相关色素-花青素的含量。此外，*fer* 幼苗对磷酸盐的缺乏不敏感。尽管 FER 在非生物应激反应中有各种影响，但 FER 如何调节反应，以及其他的 *CrRLK*1 Ls 是否参与了非生物胁迫的响应等仍有待研究。

第2章　水稻中 Malectin/malectin-like 家族成员的鉴定及特征分析

　　植物体的发育和免疫反应往往依赖于相似的或重叠的细胞信号识别和转导机制。植物体进化出各种各样的免疫机制来感知和响应细胞内外的信号分子，并对此做出反应。这些机制基于两个先天免疫系统：位于细胞表面的受体或位于细胞内部的受体。位于细胞表面受体被称为模式识别受体（PRR），包括两大类：类受体激酶（RLKs）和类受体蛋白（RLPs）。植物中的 RLKs 种类多样，如与细胞壁相关的 RLKs，富含脯氨酸样伸展蛋白 RLKs、凝集素 RLKs、富含亮氨酸的重复 RLKs 和含有 Malectin/malectin-like 结构域的 RLKs，他们在细胞间的通信、生物体的发育和各类防御反应中起着非常大的作用。

　　包含碳水化合物结合的 Malectin 结构域（Pfam11721）或 Malectin-like 结构域（Pfam12819）的蛋白质属于最近发现的一个新的蛋白质家族，出现在动物、植物和微生物中。在动物中，Malectin 是定位于内质网的膜锚定蛋白，在蛋白质 N-糖基化的早期步骤中起作用。在细菌中，Malectin 被附加到各种糖苷酶上。在植物中，它们单独或与细胞外的 SCOP/PDB/LRR/RPT1 结构域相互融合而附加到 RLKs 和 RLPs 上，以构成包含 Malectin/malectin-like 结构域的类受体激酶（Malectin/malectin-like receptor-like kinases，MRLKs）或

包含 Malectin/malectin-like 结构域的类受体蛋白（Malectin/malectin-like receptor-like proteins，MRLPs）。

植物中包含 Malectin/malectin-like 结构域的蛋白质研究最多的是长春花类受体激酶类蛋白（*Catharanthus roseus* receptor-like kinase 1-like proteins，CrLRK1 Ls），是植物中一个较大而分散的蛋白质家族。植物中 CrLRK1 Ls 蛋白家族的所有成员都具有类似的结构域——含有一个胞外的 Malectin/malectin-like 结构域，一个跨膜结构域和一个位于胞内的 Ser 和 Thr 类受体激酶结构域。在拟南芥中，包含 17 个 CrLRK1 Ls 家族成员，其中 10 个成员在细胞生长、植物形态发生、繁殖、免疫、激素信号和应激反应中具有重要作用。在水稻中，已鉴定出 16 个 *CrRLK*1 Ls 成员。

然而，根据结构域组织的多样性，含碳水化合物结合的 Malectin/malectin-like 结构域的蛋白质不仅仅只是植物中的 CrRLK1 Ls 型蛋白。在最近的一项研究中，从拟南芥中共鉴定出 69 个 *MRLKs* 成员，其中 59 个成员包含有一个胞质激酶结构域，这远远多于先前鉴定的 17 个拟南芥 *CrRLK*1 Ls 基因。在二倍体草莓中，已鉴定出 62 个 *MRLKs* 成员，一些成员仅含有一个 Malectin/malectin-like 结构域。在水稻基因组中，已有 16 个基因被鉴定为 *CrRLK*1 Ls 同系物。然而，水稻中是否存在其他类型的含碳水化合物结合的 Malectin/malectin-like 结构域的蛋白质目前尚不清楚。

本研究采用生物信息学方法结合 qRT-PCR 对水稻中包含碳水化合物结合的 Malectin/malectin-like 结构域的蛋白质（Malectin/malectin-like domain containing proteins，OsMPs）的家族基因进行了鉴定，并对其家族成员在植物发育和应激反应中的作用进行了综合分析。我们在水稻基因组中鉴定到了 84 个 OsMP 家族蛋白的基因，并将这些基因分为 4 个亚家族。我们对这 84 个 OsMPs 成员的蛋白结构域组成、保守氨基酸 motifs 组成和外显子-内含子基因结构组成进行了分析，发现他们具有规律性的蛋白结构域组成、相似的保守氨基酸 motifs 组成和相似的外显子-内含子基因结构组成。之后选取了

10 个 *OsMRLKs* 进行了 qRT-PCR 分析，结果显示为大多数 *OsMRLKs* 在苗期叶片的转录水平高于其他被测试的组织。*OsMRLKs* 的转录水平主要受干旱和盐胁迫的强烈诱导，并受冷害胁迫的强烈抑制。同时，植物激素 ABA、SA、MeJA 及重金属 Zn、Co、Mn、Fe、Cd 和 Pb 等对 *OsMRLKs* 的转录水平均有显著影响。本研究的研究结果将很大程度上拓宽我们对 MPs 家族成员在植物，特别是在水稻中的生物学作用及其调控机制的认识。

2.1　研究材料与方法

2.1.1　水稻 Malectin/malectin-like 家族基因的全基因组鉴定

我们检索了以下四个数据库来鉴定水稻中 OsMP 家族成员：国家生物技术信息中心数据库（NCBI）（http://www.ncbi.nlm.nih.gov/）；水稻基因组注释工程数据库（MSU）（http://rice.plantbiology.msu.edu/）；水稻注释工程数据库（RAP）（http://rapdb.dna.affrc.go.jp/）和植物基因组数据库（http://plantgdb.org/SbGDB/SiGDB/BdGDB/）。具体来说，为了鉴别 OsMP 家族成员，我们首先从蛋白质家族数据库（http://pfam.janelia.org）中确定了 malectin 结构域（pfam11721）和 malectin-like 结构域（pfam12819）的 HMM 图。根据 Malectin/malectin-like 结构域的 HMM 图，我们通过搜索数据库 RAP 和 MSU，获得了 OsMPs 蛋白质的候选基因。随后，通过以下在线工具进一步扫描所有蛋白质序列，以检查其完整性和 Malectin/malectin-like 结构域的存在：SMART（http://smart.embl-heidelberg.de/）、Inter Pro Scan program（http://www.ebi.ac.uk/interpro/）、保守结构域数据库（CDD）（http://www.ncbi.nlm.nih.gov/cdd/）、GenomeNet（https://www.genome.jp/tools/motif/）和 Scan Prosite（http://prosite.expasy.org/scanprosite/）。OsMPs 的其他化学性质，例如等电点

（Theoretical pI）、相对分子质量（Molecular weights，MW）、不稳定性指数（Instability index，II）、脂肪指数（Aliphatic index，AI）、亲水性的总平均（Grand average of hydropathicity，GRAVY）和主要氨基酸含量（Amino Acid Composition）等化学特征通过 the ExPASy proteomics server 数据库（http://web.expasy.org/protparam/）获得。

2.1.2　水稻 Malectin/malectin-like 家族成员的染色体定位分析及结构分析

所有的 OsMP 家族都根据 NCBI 提供的信息映射到水稻染色体上。染色体图利用 Mapchart software（http://www.wageningenur.nl/en.htm）来绘制。蛋白质的保守结构域由 SMART（http://smart.embl-heidelberg.de/）在线软件进行绘制；保守氨基酸 motifs 排列的结构图由 the Multiple Expectation for Motif Elicitation（MEME）tool（http://meme-suite.org/）在线版本 4.9.1 来绘制。基因的外显子位置和显示基因长度和外显子-内含子基因结构的图由 Gene Structure Display Server（http://gsds.cbi.pku.edu.cn）来绘制。

2.1.3　水稻 Malectin/malectin-like 家族成员的系统发育分析和基因复制分析

OsMP 家族蛋白的多序列比对利用 DNAMAN 软件（Version 5.2.2，LynnonBiosoft，Canada）；OsMPs 蛋白序列的 logos 利用在线的 Weblogo platform（http://weblogo.berkeley.edu/logo.cgi）来构建；OsMP 家族所有蛋白利用 the ClustalWv2.0 online tool（http://www.ebi.ac.uk/Tools/webservices/services/msa/clustalw2_soap）来进行最初的排列，便于研究 OsMP 家族成员的系统进化关系；利用具有默认参数和内部分支可靠性的 MEGA 7.0.26 软件包对 OsMP 家族成员进行了 1 000 次 bootstrap 重复评估来构建最大似然率的系统进化树。利用植物基因组复制数据库对水稻基因组中 MPs 基因家族所占

的同源区进行了研究，基因复制分析图由 Circos version 0.63（http://circos.ca/）构建。

2.1.4　植物材料的生长条件

首先，将水稻（*Oryza.Sativa L.spp.japonica var nipponbare*）种子用 0.5%（w/v）的 NaClO 消毒 4 h，然后用 ddH$_2$O 洗涤三次。种子在黑暗中浸泡 24 h。随后，将种子在 28 ℃的湿润粗棉布上发芽 72 h，并每天用去离子水湿润。选用健壮、匀称的幼苗，用 Milli-Q 水配制的水培液（含 16 mmol/L KNO$_3$，6 mmol/L Ca(NO$_3$)$_2$·4H$_2$O，4 mmol/L NH$_4$H$_2$PO$_4$，2 mmol/L MgSO$_4$·7H$_2$O，50 μmol/L KCl，25 μmol/L H$_3$BO$_3$，25 μm FeEDTA，2 μmol/L MnSO$_4$·4H$_2$O，2 μmol/L ZnSO$_4$，0.5 μmol/L Na$_2$MO$_4$·2H$_2$O，0.5 μmol/L CuSO$_4$·5H$_2$O）进行生长，通过固定于泡沫板上的减掉低端的 96 孔板漂浮于营养液中，每个植株单独一个空，以确保植株间隙一致。对植物生长的培养间环境进行严格控制，植株生长条件保持相对稳定（16 h/8 h 光照/黑暗，昼夜温度循环 30 ℃/25 ℃，800 μmol·m^{-2}·s^{-1} 光强，相对湿度 60%～65%）。24 h 后更换培养液，使用 NaOH 或 HCl 将 pH 调至 5.8。

2.1.5　胁迫处理和样品采集

为了鉴定水稻中 *OsMRLKs* 基因的转录谱，对两周龄的幼苗进行了不同的非生物胁迫处理、外源植物激素处理和重金属胁迫处理。冷胁迫处理时，将四叶期幼苗移入冷藏箱（三洋）（14 h/10 h 光照/黑暗，4 ℃，300 μmol·m^{-2}·s^{-1} 光强）。采用 20%聚乙二醇（PEG-6000）渗透胁迫来模拟干旱进行处理，通过离子交换柱对溶液进行纯化以去除杂质，并使用 22～25 μm Miracloth 过滤。盐（200 mmol/L NaCl）由储备溶液溶解于水中制备。然后将幼苗分别浸入 20%的 PEG6000 或 200 mmol/L NaCl 溶液中进行干旱和盐胁迫处理。外源

激素处理时，在两周龄的水稻叶片上以 0.05%（v/v）添加湿润剂 Tween-20，制备脱落酸（ABA）（100 μmol/L）、茉莉酸甲酯（MeJA）（100 μmol/L）和水杨酸（SA）（500 μmol/L）的最终激素浓度。对于重金属处理，从储备溶液中制备 $CoCl_2$（1 mmol/L）、$NiCl_2$（1 mmol/L）、$MnSO_4$（2 mmol/L）、$FeSO_4$（7 mmol/L）、$CdCl_2$（0.5 mmol/L）、$PbNO_3$（1 mmol/L）和 $ZnCl_2$（5 mmol/L），并将其添加于新鲜的营养液中。开始胁迫处理后的水稻幼苗，每处理 0 h、3 h、6 h、12 h 和 24 h 各收获一次叶片。组织表达的样品采集为：正常生长于西北农林科技大学实验田中的水稻，采集不同发育阶段（即苗期、分蘖期、孕穗期和抽穗期）的不同植物器官进行实验。所有样品采集后立即冷冻在液氮中，并在 - 80 ℃下储存，直到进一步分析。

2.1.6　qRT-PCR 分析

为了对目标基因进行转录表达分析，用 Trizol reagent 从水稻不同时期的不同组织中提取总 RNA，合成第一链 cDNA。用于实时定量聚合酶链式反应（qRT-PCR）分析的所有引物都是利用 Primer Premier 6.0 软件，根据水稻 *OsMRLKs* 基因序列进行设计。qPT-PCR 实验利用 SYBR Premix Ex TaqII 荧光染料在 CFX96（Bio-Rad）定量 PCR 仪上进行。将水稻肌动蛋白 OsACTIN 的基因（*OsActin*1，Gene ID：KC140126）作为内部参照，即将其作为标准基因，使所有的 mRNA 表达水平正常化。用 $2^{-\Delta\Delta Ct}$ 法评估每个 qRT-PCR 扩增混合物中存在的模板的相对量。

2.1.7　数据分析

数据进行了方差分析。使用 SPSS 11.5 软件包在 5%水平上，通过最小显著性差异（LSD）测试比较所有处理三次重复的平均值和标准差。图标生成使用 Origin 7.5 软件进行。

2.2　水稻 Malectin/malectin-like 家族基因的鉴定及理化性质分析

为了鉴定水稻中的 Malectin/malectin-like 家族基因，我们首先从 Pfam 蛋白家族数据库中获得了 Malectin-domain（pfam11721）和 Malectin-likedomain（pfam12819）的 HMM 图。利用 malectin/malectin-like 结构域信息，我们搜索了 4 个数据库：NCBI、RAP、MSU 和植物基因组数据库。从水稻基因组中共鉴定到了 84 个含有 Malectin/malectin-like 结构域的蛋白质，这些成员中有 67 个成员除了包含有 Malectin/malectin-like 结构域之外，还包含有具有催化活性的激酶结构域，被称为包含 Malectin/malectin-like 结构域的类受体激酶（MRLKs）；另外的 17 个成员包含有 Malectin/malectin-like 结构域，但不包含具有催化活性的激酶结构域，被称为包含 Malectin/malectin-like 结构域的类受体蛋白（MRLPs）。根据这些基因在染色体上的定位，我们对他们进行了命名（表 2-1）：67 个 *OsMRLKs* 基因的名称从 *OsMRLK*1 到 *OsMRLK*67，17 个 *OsMRLPs* 基因的名称从 *OsMRLP*1 到 *OsMRLP*17。通过 NCBI 保守结构域数据库、Pfam 和 SMART 数据库确定了 OsMP 家族成员的潜在的结构域，并对其结构域进行了绘制。此外，还利用 EXPASY PROTOPARAM（http://www.expasy.org/tools/protparam.htmL）在线工具对 OsMPs 成员的理化特性和氨基酸序列进行了研究。

表 2-1 和表 2-2 列出了 OsMP 家族成员的特征，包括它们的命名（Name）、鉴定（MSU-ID，RAP-ID）、在染色体上的具体位置（Chromosome location）、蛋白质包含的氨基酸数目（Number of amino acids）、蛋白质的相对分子量（Molecular weights，MV）、蛋白质的等电点（Isoelectric point, pI）、不稳定性指数（Instability index，II）、脂肪指数（Aliphatic index，AI）、主要氨基酸含量（Amino Acid Composition）和亲水性的总平均（Grand average of

hydropathicity，GRAVY）等化学特征。如表 2-1 所示，OsMP 家族成员的蛋白质的长度范围为 227（OsMRLP3）到 1028（OsMRLK27）个氨基酸残基，相对分子质量范围为 22.52 kD（OsMRLP14）到 113.13 kD（OsMRLK27），pI 范围为 4.8（OsMRLP13）到 9.12（OsMRLK10）。根据其等电点，在自然界中 OsMP 家族蛋白的大多数成员的等电点低于 7，呈现为酸性蛋白质。然而，有 17 个 OsMPs 成员（OsMRLK7、OsMRLK10、OsMRLK12、OsMRLK15、OsMRLK20 、 OsMRLK24 、 OsMRLK25 、 OsMRLK27 、 OsMRLK28 、OsMRLK33、OsMRLK44、OsMRLK45、OsMRLK50、OsMRLP4、OsMRLP6 和 OsMRLP8）的等电点大于 7，表明它们在本质上是碱性蛋白质。OsMP 家族蛋白大多数是稳定蛋白，因为该家族大多数成员的不稳定性指数小于 40。然而，还存在有 23 种蛋白质，其不稳定性指数大于 40，被认为属于不稳定蛋白质。除了一些成员（OsMRLP4、OsMRLP6、OsMRLP12、OsMRLK10 和 OsMRLK32）以外，大多数 OsMP 家族蛋白质都具有亲水性。本研究发现 45 个 OsMPs 基因位于染色体的正义链上，其余 39 个 OsMPs 基因位于染色体的反义链上。此外，脂肪指数从最低 68.58（OsMRLP15）到最高 98.01（OsMRLK32）不等。OsMP 家族蛋白质包含的主要氨基酸是 Leu，其次是 Ser，还有 Ala，Asn，Gly，Val，Thr 或 Ile 等氨基酸也含量相对较丰富，具体氨基酸含量在特定的 OsMRLKs 蛋白质中各不相同，详情见表 2-2。

表 2-1　水稻基因组中 OsMP 家族的命名、鉴定、肽段长度、分子量和等电点

基因名称	MSU 登录号	RAP 登录号	蛋白质	CDS	DNA	分子量	等电点
*OsMRLK*1	LOC_Os01g03370	Os01g0124500	964	2 895	4 657	98 370.65	6.03
*OsMRLK*2	LOC_Os01g06280	Os01g0155500	894	2 685	4 486	100 322.99	5.84
*OsMRLK*3	LOC_Os01g56330	Os01g0769700	896	2 691	3 189	96 359.02	5.88
*OsMRLK*4	LOC_Os01g59550	Os01g0810500	888	2 667	8 604	97 359.95	5.57
*OsMRLK*5	LOC_Os01g59560	Os01g0810600	893	2 682	7 116	88 953.74	6.28
*OsMRLK*6	LOC_Os01g59570	Os01g0810800	937	2 814	8 697	105 002.51	6.24
*OsMRLK*7	LOC_Os01g74550	Os01g0976900	955	2 868	3 561	104 266.92	8.16
*OsMRLK*8	LOC_Os02g05730	Os02g0151100	904	2 715	7 254	98 239.16	5.76
*OsMRLK*9	LOC_Os03g03280	Os03g0124200	955	2 868	3 364	91 893.91	5.74

续表

基因名称	MSU 登录号	RAP 登录号	蛋白质	CDS	DNA	分子量	等电点
*OsMRLK*10	LOC_Os03g17300	Os03g0281500	843	2 532	4 115	90 480.39	8.71
*OsMRLK*11	LOC_Os03g21540	Os03g0333200	893	2 682	3 264	96 269.82	6.07
*OsMRLK*12	LOC_Os03g55210	Os03g0759600	892	2 679	2 904	98 359.68	8.46
*OsMRLK*13	LOC_Os04g22470	Os04g0291900	861	2 586	8 502	95 008	6.42
*OsMRLK*14	LOC_Os04g52590	Os04g0616282	930	2 793	7 804	101 538.24	6.25
*OsMRLK*15	LOC_Os04g52600	Os04g0616300	1025	3 078	7 942	111 602.54	7.15
*OsMRLK*16	LOC_Os04g52606	Os04g0616400	628	1 887	5 621	65 407.47	5.4
*OsMRLK*17	LOC_Os04g52614	Os04g0616500	935	2 808	8 029	111 784.74	6.9
*OsMRLK*18	LOC_Os04g52640	Os04g0616700	1022	3 069	10 452	111 596.31	5.91
*OsMRLK*19	LOC_Os04g52860	Os04g0619600	844	2 535	3 748	94 200.41	6.23
*OsMRLK*20	LOC_Os05g06990	Os05g0162500	842	2 529	2 775	93 397.23	7.57
*OsMRLK*21	LOC_Os05g15720	Os05g0246600	974	2 925	7 451	108 203.68	5.91
*OsMRLK*22	LOC_Os05g16430	Os05g0253200	843	2 532	6 655	93 345.2	6.73
*OsMRLK*23	LOC_Os05g16740	Os05g0256500	956	2 871	10 226	105 591.64	6.05
*OsMRLK*24	LOC_Os05g16824	Os05g0257100	1010	3 033	9 491	111 342.56	7.48
*OsMRLK*25	LOC_Os05g16930	Os05g0258400	892	2 679	6 919	98 394.9	7.51
*OsMRLK*26	LOC_Os05g17604	Os05g0261700	1017	3 054	13 843	112 174.85	6.13
*OsMRLK*27	LOC_Os05g17800	Os05g0263100	1028	3 084	6 306	113 133.04	7.5
*OsMRLK*28	LOC_Os05g17810	Os05g0263100	870	2 613	6 306	95 728.34	7.52
*OsMRLK*29	LOC_Os05g20150	Os05g0280700	869	2 610	3 173	94 782.29	5.87
*OsMRLK*30	LOC_Os05g25350	Os05g0317700	854	2 565	5 106	94 154.35	5.98
*OsMRLK*31	LOC_Os05g25370	Os05g0317900	846	2 541	9 901	94 097.43	6.79
*OsMRLK*32	LOC_Os05g25430	Os05g0318600	564	1 695	4 386	62 464.58	5.79
*OsMRLK*33	LOC_Os05g25450	Os05g0318700	881	2 646	4 121	96 199.6	7.21
*OsMRLK*34	LOC_Os05g44930	Os05g0524500	947	2 844	4 735	104 809.05	6.49
*OsMRLK*35	LOC_Os05g44940	Os05g0524550	965	2 898	6 573	107 163.23	6.97
*OsMRLK*36	LOC_Os05g44960	Os05g0525000	701	2 106	3 401	65 918.03	5.36
*OsMRLK*37	LOC_Os05g44970	Os05g0525400	942	2 829	4 218	42 276.93	5.11
*OsMRLK*38	LOC_Os05g44990	Os05g0525600	912	2 739	4 316	99 582.95	6.74
*OsMRLK*39	LOC_Os05g45000	Os05g0525800	719	816	1 433	80 637.12	6.26
*OsMRLK*40	LOC_Os06g03610	Os06g0126250	860	2 583	3 084	90 999.33	5.49

续表

基因名称	MSU 登录号	RAP 登录号	蛋白质	CDS	DNA	分子量	等电点
*OsMRLK*41	LOC_Os06g22810	Os06g0334300	859	2 580	4 193	94 221.21	6.72
*OsMRLK*42	LOC_Os07g05370	Os07g0147600	849	2 550	3 838	94 180.84	5.95
*OsMRLK*43	LOC_Os08g10150	Os08g0201700	854	2 565	9 655	94 475.13	5.76
*OsMRLK*44	LOC_Os08g10290	Os08g0203100	995	2 988	8 036	109 454.92	7.75
*OsMRLK*45	LOC_Os08g10300	Os08g0203300	1023	3 072	7 200	112 151.34	7.12
*OsMRLK*46	LOC_Os08g10310	Os08g0203400	1024	3 075	7 536	111 983.62	6.97
*OsMRLK*47	LOC_Os08g10320	Os08g0203600	1015	3 048	7 011	111 501.67	6.54
*OsMRLK*48	LOC_Os08g10330	Os08g0203700	1023	3 072	8 091	112 126.08	6.9
*OsMRLK*49	LOC_Os09g09220	Os09g0264950	842	2 529	8 694	92 619.36	6.33
*OsMRLK*50	LOC_Os09g17630	Os09g0345300	999	3 000	8 660	109 911.13	8.65
*OsMRLK*51	LOC_Os09g17910	Os09g0348600	804	2 415	9 419	69 493.65	5.21
*OsMRLK*52	LOC_Os09g18010	Os09g0349600	682	2 049	6 685	75 492.24	5.65
*OsMRLK*53	LOC_Os09g18020	Os09g0349700	863	2 592	9 844	95 459.13	5.74
*OsMRLK*54	LOC_Os09g18159	Os09g0350900	675	2 028	20 467	75 037.99	5.4
*OsMRLK*55	LOC_Os09g18230	Os09t0351800	861	2 586	12 782	95 771.69	5.12
*OsMRLK*56	LOC_Os09g18260	Os09g0352000	852	2 559	5 453	90 969.66	5.14
*OsMRLK*57	LOC_Os09g18360	Os09t0353200	881	2 646	9 388	96 569.73	5.28
*OsMRLK*58	LOC_Os09g18540	Os09t0354600	442	1 002	3 330	49 146.64	5.65
*OsMRLK*59	LOC_Os09g18594	Os09t0355400	886	2 661	9 092	98 477.3	5.79
*OsMRLK*60	LOC_Os09g19140	Os09g0356000	841	2 526	9 154	94 974.78	6.28
*OsMRLK*61	LOC_Os09g19229	Os09g0356800	854	2 565	22 897	95 257.91	5.55
*OsMRLK*62	LOC_Os09g19350	Os09g0358000	639	1 920	6 811	71 179.88	6.23
*OsMRLK*63	LOC_Os09g19400	Os09g0358700	841	2 526	4 248	93 363.82	5.95
*OsMRLK*64	LOC_Os10g39010	Os10g0534500	844	2 535	4 865	90 862.93	5.71
*OsMRLK*65	LOC_Os11g01200	Os11g0102900	924	2 775	7 456	102 061.73	5.33
*OsMRLK*66	LOC_Os12g01200	Os12g0102500	921	2 766	8 064	101 943.63	5.45
*OsMRLK*67	LOC_Os12g37980	Os12g0567500	970	2 913	6 946	104 393.75	7.82
*OsMRLP*1	LOC_Os01g04720	Os01g0140400	638	1 917	6 513	49 914.73	5.47
*OsMRLP*2	LOC_Os02g13850	Os02g0232500	719	2 160	12 312	80 252.72	6.62
*OsMRLP*3	LOC_Os02g39650	Os02g0609800	227	684	2 818	30 184.6	6.66
*OsMRLP*4	LOC_Os03g03290	Os03g0124300	466	1 401	1 833	50 317.41	7.08
*OsMRLP*5	LOC_Os03g08610	Os03g0184400	519	1 560	3 536	56 954.69	5.68

续表

基因名称	MSU 登录号	RAP 登录号	蛋白质	CDS	DNA	分子量	等电点
*OsMRLP*6	LOC_Os04g49690	Os04g0586500	513	1 542	2 190	54 707.96	8.18
*OsMRLP*7	LOC_Os05g32660	Os05g0393100	510	1 533	4 996	55 915.13	5.17
*OsMRLP*8	LOC_Os05g44950	Os05g0524800	283	852	3 609	24 098.51	7.63
*OsMRLP*9	LOC_Os07g31840	Os07g0501800	638	1 917	5 617	70 102.8	6.26
*OsMRLP*10	LOC_Os08g10244	Os08g0202300	655	1 968	16 102	66 211.13	5.38
*OsMRLP*11	LOC_Os09g17990	Os09g0349333	475	1 428	3 084	41 783.12	5.89
*OsMRLP*12	LOC_Os09g18000	Os09g0349466	256	771	1 319	24 706.87	5.51
*OsMRLP*13	LOC_Os09g19136	Os09g0355700	400	1 203	6 551	34 751.43	4.8
*OsMRLP*14	LOC_Os09g19360	Os09g0358100	241	726	1 814	22 518.33	5.3
*OsMRLP*15	LOC_Os09g19380	Os09g0358400	294	885	2 164	32 966.80	5.73
*OsMRLP*16	LOC_Os09g19500	Os09g0359500	372	1 119	3 419	41 373.47	5.28
*OsMRLP*17	LOC_Os09g28470	Os09g0458300	510	1 533	3 742	54 742	5.72

表 2-2　水稻 OsMP 家族成员的染色体定位和蛋白质的理化性质分析

基因名称	基因在染色体上的位置	不稳定指数	脂肪族指数	亲水性的总平均	主要氨基酸含量/%
*OsMRLK*1	chr01: 1356601..1361257 (-strand)	38.01	86.44	−0.241	L (10), S (8.9), N (6.8)
*OsMRLK*2	chr01: 2982542..2986094 (+strand)	38.35	88.09	−0.009	A (11.9), V (9.2), L (9.0)
*OsMRLK*3	chr01: 32461878..32465053 (+strand)	33.81	81.85	−0.109	G (9.4), A (8.8), S (8.8)
*OsMRLK*4	chr01: 34428408..34436332 (-strand)	37.94	87.44	−0.226	L (10.4), S (8.8), T (7.5)
*OsMRLK*5	chr01: 34438388..34444340 (-strand)	52.78	83.45	−0.308	L (9.3), S (9.0), T (6.9)
*OsMRLK*6	chr01: 34445750..34454439 (-strand)	38.06	89.1	−0.177	L (10.4), S (9.7), V (7.4)
*OsMRLK*7	chr01: 43175447..43178814 (-strand)	41.47	86.15	−0.078	A (10.3), L (9.1), S (9.0)
*OsMRLK*8	chr02: 2816624..2824133 (-strand)	41.21	89.33	−0.198	L (10.6), S (9.6), G (6.7)
*OsMRLK*9	chr03: 1406065..1408803 (+strand)	44.08	86.29	−0.076	S (10.3), L (10), A (9.9)
*OsMRLK*10	chr03: 9632806..9635793 (+strand)	35.53	88.7	0.002	A (10.6), L (9.5), V (9.3)
*OsMRLK*11	chr03: 12308639..12311807 (+strand)	31.9	80.17	−0.146	S (9.3), G (9.2), L (8.5)
*OsMRLK*12	chr03: 31414514..31417192 (-strand)	38.19	88.8	−0.071	S (10), L (10), A (7.5)
*OsMRLK*13	chr04: 12719050..12725101 (-strand)	27.61	93.31	−0.089	S (11.5), L (8.7), G (8.5)

续表

基因名称	基因在染色体上的位置	不稳定指数	脂肪族指数	亲水性的总平均	主要氨基酸含量/%
*OsMRLK*14	chr04：31270896-31263093（-strand）	32.89	88	−0.152	L（11.5），S（8.9），G（8.4）
*OsMRLK*15	chr04：31274513..31282357（-strand）	30.6	91.33	−0.132	L（12），S（10），G（8.4）
*OsMRLK*16	chr04：31285363..31295976（-strand）	29.44	86.14	−0.153	L（12.2），S（11.4），N（9.5）
*OsMRLK*17	chr04：31299841..31307729（-strand）	31.01	90.46	−0.13	L（11.8），S（10.7），G（8.3）
*OsMRLK*18	chr04：31317589..31328040（-strand）	35.24	88.86	−0.121	L（11.4），S（10.8），G（7）
*OsMRLK*19	chr04：31478250..31481997（-strand）	37.21	83.41	−0.262	L（10），S（9），G（7.9）
*OsMRLK*20	chr05：3671003-3673777（+strand）	38.45	87.4	−0.157	L（9.1），S（9.9），T（7）
*OsMRLK*21	chr05：8879120..8885248（+strand）	33.94	88.47	−0.136	L（10.7），S（9.8），T（6.8）
*OsMRLK*22	chr05：9321701-9328355（+strand）	36.52	92.5	−0.107	L（12.3），S（9.7），T（8.2）
*OsMRLK*23	chr05：9517479-9527704（+strand）	25	92.19	−0.065	L（11.5），S（8.4），G（8.3）
*OsMRLK*24	chr05：9585993..9593266（+strand）	33.38	85.57	−0.12	L（13），S（12.1），G（9）
*OsMRLK*25	chr05：9647991..9654813（+strand）	32.2	87.03	−0.126	L（11），S（8.6），G（8.9）
*OsMRLK*26	chr05：10114810..10126224（-strand）	31.48	95.29	−0.059	L（14），S（11.5），N（9.3）
*OsMRLK*27	chr05：10232710..10246527（+strand）	29.7	94.84	−0.084	L（11.7），S（9.1），G（8.2）
*OsMRLK*28	Chr5：10240222-10246527（+strand）	26.41	93.92	−0.057	L（11.3），S（9.2），G（8.4）
*OsMRLK*29	chr05：11788697..11791865（-strand）	35.92	81.6	−0.189	L（8.1），S（9.7），A（8.4）
*OsMRLK*30	chr05：14716606..14721633（+strand）	41.03	82.91	−0.167	L（8.4），S（7.7），T（7.8）
*OsMRLK*31	chr05：14725926..14735830（+strand）	41.95	82.77	−0.141	L（8.4），S（9.6），I（6.7）
*OsMRLK*32	chr05：14784692..14789077（-strand）	30.35	98.01	0.036	L（11.7），S（6.6），I（7.1）
*OsMRLK*33	chr05：14795522..14799642（-strand）	36.47	80.03	−0.206	L（9.1），S（9.4），T（8.2）
*OsMRLK*34	chr05：26113277..26117847（-strand）	36.73	87.4	−0.227	L（9.7），S（7.2），N（7.4）
*OsMRLK*35	chr05：26120321..26121123（+strand）	40.69	86.08	−0.322	L（9.6），A（9.2），V（7.9）
*OsMRLK*36	chr05：26136041..26139443（+strand）	42.66	73.23	−0.455	L（7.0），S（8.9），N（7.0）
*OsMRLK*37	chr05：26143305..26144729（+strand）	44.74	83.25	−0.035	L（7.6），G（7.9），A（8.6）
*OsMRLK*38	chr05：26153207..26157648（+strand）	32.99	89.04	−0.132	L（9.6），S（8.7），V（8.3）
*OsMRLK*39	chr05：26159275..26167449（+strand）	39.69	91.63	−0.167	L（10.7），S（7.7），N（7.1）
*OsMRLK*40	chr06：1397921..1400968（-strand）	32.74	81.87	−0.101	A（10.4），G（9），L（8.2）

续表

基因名称	基因在染色体上的位置	不稳定指数	脂肪族指数	亲水性的总平均	主要氨基酸含量/%
*OsMRLK*41	chr06: 13297087..13301239（＋strand）	30.98	89.76	−0.111	L（10.2），S（10.4），V（7.9）
*OsMRLK*42	chr07: 2458274..2461953（-strand）	44.02	85.69	−0.238	L（9.4），S（9.5），A（7.4）
*OsMRLK*43	chr08: 5884635-5894289（＋strand）	40.66	86.86	−0.221	L（10.7），S（10.3），G（8.0）
*OsMRLK*44	chr08: 5982519..5985990（＋strand）	32.22	88.58	−0.227	L（11.7），S（9.4），G（8.1）
*OsMRLK*45	chr08: 5998167..6005500（＋strand）	32.37	90.08	−0.144	L（11.1），S（9.4），G（8.5）
*OsMRLK*46	chr08: 6015745..6023225（＋strand）	30.18	94.14	−0.086	L（12.1），S（9.6），G（8.7）
*OsMRLK*47	chr08: 6032208..6039069（＋strand）	33.38	92	−0.167	L（9.8），S（9.2），G（7.8）
*OsMRLK*48	chr08: 6040528..6048561（＋strand）	39.82	91.77	−0.137	L（11.8），S（10.7），G（8.4）
*OsMRLK*49	chr09: 4933507..4934160（＋strand）	42.17	86.18	−0.148	L（10.5），S（8.8），A（12.4）
*OsMRLK*50	chr09: 10785144..10793869（＋strand）	39.16	94.12	−0.086	L（11.6），S（9.1），G（9.5）
*OsMRLK*51	chr09: 10956083..10965501（＋strand）	39.35	84.79	−0.13	L（9.2），S（8.7），V（8.4）
*OsMRLK*52	chr09: 11022699..11026059（＋strand）	36.65	86.04	−0.179	L（9.1），S（8.6），T（10.2）
*OsMRLK*53	chr09: 11038006..11039946（-strand）	32.6	86.5	−0.152	L（11.3），S（8.2），V（10.0）
*OsMRLK*54	chr09: 11123332..11132792（-strand）	41.61	80.74	−0.24	L（8.4），S（10.4），G（7.0）
*OsMRLK*55	chr09: 11180412..11181038（-strand）	31.38	85.69	−0.217	L（8.2），V（8.2），N（9.1）
*OsMRLK*56	chr09: 11208000..11213467（-strand）	39.52	82.58	−0.216	L（9.3），S（9.0），G（7.2）
*OsMRLK*57	chr09: 11259049..11268028（-strand）	40.33	84.55	−0.179	L（9.5），S（9.7），A（8.2）
*OsMRLK*58	chr09: 11360268..11364238（-strand）	35.85	90.34	−0.208	L（7.5），S（9.1），V（9.3）
*OsMRLK*59	chr09: 11387149..11396236（＋strand）	41.6	93.85	−0.119	L（10.5），S（9.0），I（7，1）
*OsMRLK*60	chr09: 11427219..11435151（-strand）	35.99	86.47	−0.115	L（9.4），S（9.0），V（8.3）
*OsMRLK*61	chr09: 11483617..11506480（-strand）	33.97	87.58	−0.15	L（9.6），S（9.4），A（7.4）
*OsMRLK*62	chr09: 11582854-11576044（-strand）	39.95	88.65	−0.19	L（9.7），S（9.1），A（7.0）
*OsMRLK*63	chr09: 11602062..11622836（-strand）	29.52	87.88	−0.198	L（9.6），A（7.8），G（7.5）
*OsMRLK*64	chr10: 20791019..20795489（-strand）	43.81	84.6	−0.031	L（9.1），S（9.5），A（10.5）
*OsMRLK*65	chr11: 117292..124378（-strand）	36.82	90.65	−0.157	V（9.6），A（9.1），G（7.1）
*OsMRLK*66	chr12: 112744..120226（-strand）	36.45	90.51	−0.177	L（9.7），S（9.1），G（7.2）
*OsMRLK*67	chr12: 23338183..23344857（-strand）	43.73	89.08	−0.139	L（11.2），A（11.2），G（8.0）

基因名称	基因在染色体上的位置	不稳定指数	脂肪族指数	亲水性的总平均	主要氨基酸含量/%
*OsMRLP*1	chr01：2131013..2137293（+strand）	41.83	83.55	−0.012	A（9.8），L（9.4），S（8.3）
*OsMRLP*2	chr02：7501363..7513592（+strand）	34.87	89.33	−0.182	L（11.3），S（8.2），N（8.1）,
*OsMRLP*3	chr02：23943201..23946456（-strand）	40.23	93.12	−0.028	A（12.8），L（9.2），G（8.5）
*OsMRLP*4	chr03：1410020..1411723（+strand）	39.48	93.56	0.136	A（10.9），L（10.9），S（9.9）
*OsMRLP*5	chr03：4434560..4437813（+strand）	46.36	80.6	−0.2	S（8.9），L（8.7），A（7.5）
*OsMRLP*6	chr04：29636178..29637984（+strand）	39.31	80.9	0.06	A（13.5），G（9.0），V（8.6）
*OsMRLP*7	chr05：19118103..19123031（+strand）	37.33	87.06	−0.082	L（12.5），S（8.4），A（8.2）
*OsMRLP*8	chr05：26132539..26133467（+strand）	36.91	85.59	−0.015	L（9.1），G（9.1），A（8.6）
*OsMRLP*9	chr07：18914954..18920460（-strand）	42.38	94.17	−0.085	L（11.4），S（8.6），A（8.5）
*OsMRLP*10	chr08：5942660..5960134（+strand）	27.67	93.27	−0.033	L（11.9），S（10.4），G（8.1）
*OsMRLP*11	chr09：11002640..11004822（-strand）	38.16	72.85	−0.263	L（7.3），S（10.2），V（7.5）
*OsMRLP*12	chr09：11020020..11020867（+strand）	34.64	86.33	0.052	L（9.3），S（9.7），A（10.2）
*OsMRLP*13	chr09：11418080..11421603（+strand）	43.02	95.29	−0.008	L（9.2），S（11.1），V（8.0）
*OsMRLP*14	chr09：11587948..11588842（-strand）	40.81	84.88	−0.068	L（9.7），S（9.2），A（10.6）
*OsMRLP*15	chr09：11604383-11602220（-strand）	36.46	74.66	−0.375	G（7.5），A（9.2），V（7.7）
*OsMRLP*16	chr09：11664369..11676584（+strand）	34.17	74.17	−0.257	V（9.1），A（8.9），G（7.3）
*OsMRLP*17	chr09：17321016..17323723（+strand）	37.68	84.31	−0.02	L（9.6），S（9.2），A（9.2）

　　我们根据 OsMPs 基因在染色体上的位置对其家族成员进行了命名，为了进一步使他们的定位清晰明了，我们将所有的 OsMP 家族都根据 NCBI 提供的信息映射到水稻基因组染色体上。染色体图利用 Mapchart software 软件来绘制。84 个 OsMPs 基因遍布于水稻的所有 12 对染色体上（如图 2-1），5 号染色体和 9 号染色体分别含有 22 个 OsMPs 基因，是含有 OsMP 家族数量最多的染色体，10 号染色体和 11 号染色体分别只含有一个 *OsMRLK* 基因，是含有 OsMP 家族数量最少的染色体。

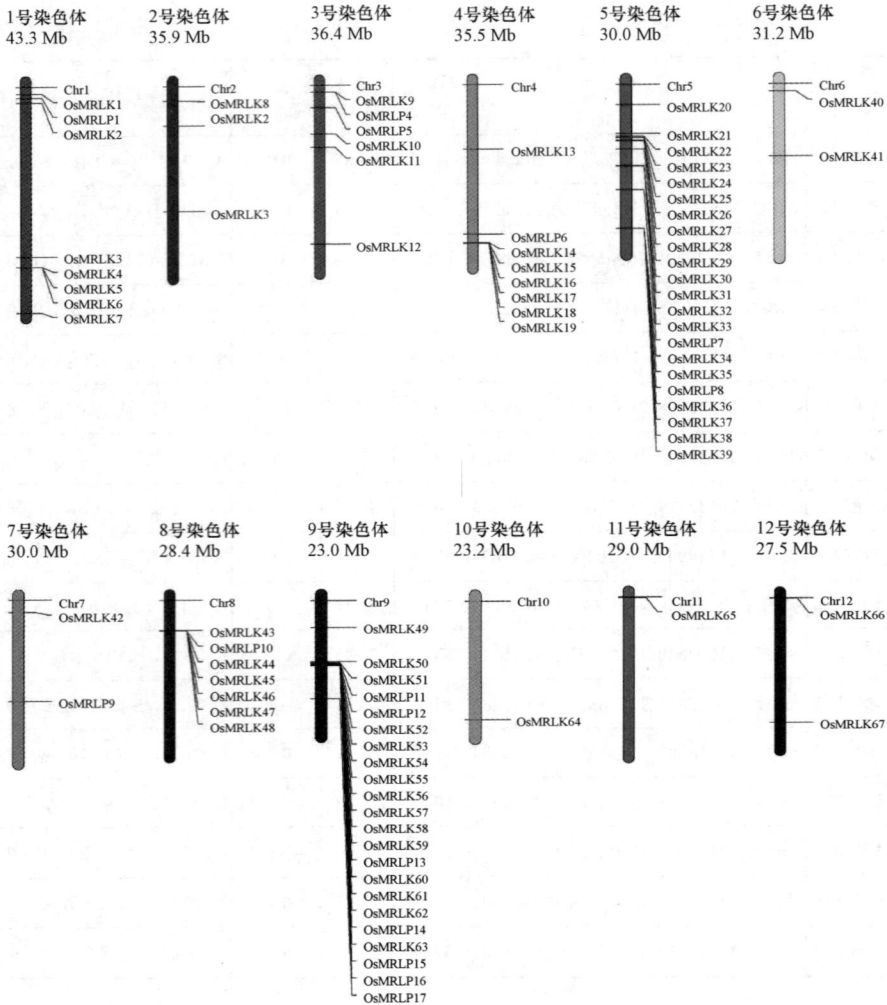

图 2-1　水稻基因组中 OsMP 家族成员的染色体分布
注：每条染色体的顶部都有染色体编号和染色体的大致长度，OsMRLKs 和
OsMRLPs 是根据它们在水稻基因组染色体上的位置命名的

2.3　水稻 Malectin/malectin-like 家族成员的系统发育分析

为了确定 OsMP 家族成员的系统进化关系，我们利用 MEGA 7.0.26 软件，采用最大似然法构建了一个基于全长蛋白质序列比对的无根系统进化树。根

据最大似然法系统进化树，OsMP 家族成员可分为四个亚家族（图 2-2A），分别命名为 Subfamily Ⅰ、Subfamily Ⅱ、Subfamily Ⅲ 和 Subfamily Ⅳ。如图 2-2A 所示，Subfamily Ⅰ、Subfamily Ⅱ、Subfamily Ⅲ 和 Subfamily Ⅳ 分别包含 23 个、19 个、23 个和 19 个成员。根据对 OsMPs 家族成员的蛋白质的主要结构域的组成分析发现，其不同亚家族间的一个主要差异是细胞外主要结构域的组成的不同（图 2-2B）。例如，Subfamily Ⅰ 的大多数成员，其细胞外的结构域含有一个 Malectin 结构域，另外在 Malectin 结构域的 N 末端还含有一个或多个 SCOP/PDB/LRR/RPT1 结构域；Subfamily Ⅱ 的大多数成员，其细胞外的结构域含有两个 Malectin 结构域；Subfamily Ⅲ 的大多数成员在其细胞外的结构域含有一个 malectin-like 结构域，另外在 Malectin-like 结构域的 C 末端还存在着一个或多个 SCOP/PDB/ LRR/RPT1 结构域；而 Subfamily Ⅳ 的大多数成员在其细胞外的结构域的组成中只含有一个 Malectin-like 结构域。

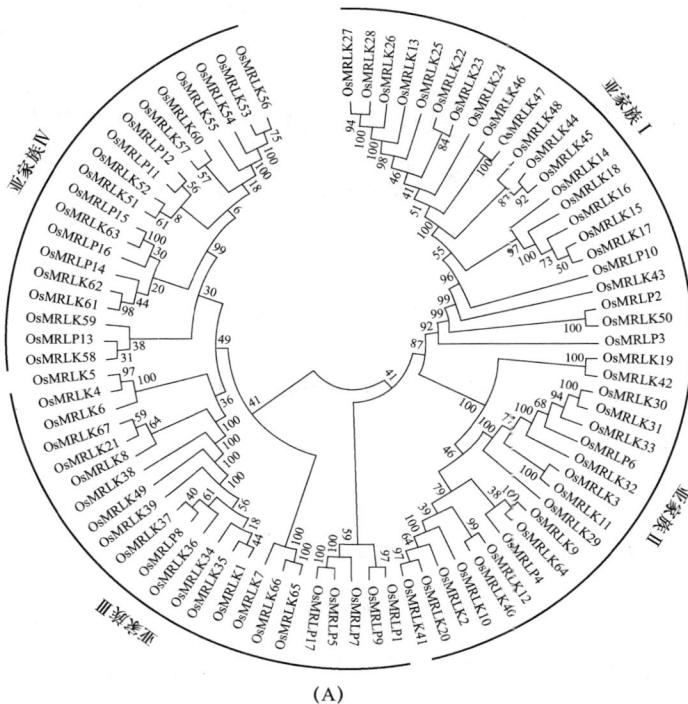

(A)

图 2-2　OsMP 家族成员的系统发育分析和蛋白质的结构域组成的概况图

（A）基于 CDS 序列的 OsMP 家族成员的系统发育分析，不同颜色的分支线代表不同的亚家族。4 个保守亚家族用不同的数字表示，分别命名为 Subfamily Ⅰ、Subfamily Ⅱ、Subfamily Ⅲ 和 Subfamily Ⅳ

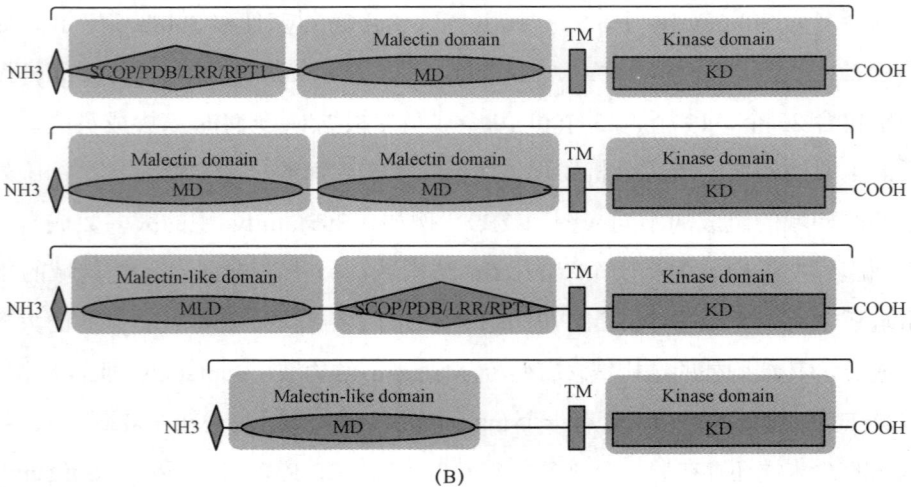

图 2-2　OsMP 家族成员的系统发育分析和蛋白质的结构域组成的概况图（续）

（B）OsMP 家族蛋白质的结构域组成的概况图

2.4　水稻 Malectin/malectin-like 家族成员的结构分析

2.4.1　水稻 Malectin/malectin-like 家族成员的结构域分析

为了明确 OsMP 家族成员的结构域特点，我们将 OsMP 家族蛋白的所有成员通过在线工具 SMART（http://smart.embl-heidelberg.de/）和 Inter Pro Scan program（http://www.ebi.ac.uk/interpro/）对其氨基酸序列进行分析，以便检查其结构的完整性和 Malectin/malectin-like 结构域的存在性。结果如图 2-3 所示，67个 OsMRLKs 蛋白基本包含有三种结构域：一个或两个 Malectin/malectin-like 结构域、一个跨膜结构域和一个位于胞内的具有催化活性的激酶结构域。而 OsMRLPs 蛋白则均缺乏细胞内的激酶结构域，有的仅具有 Malectin/malectin-like 结构域，有的还包含有其他的结构域。

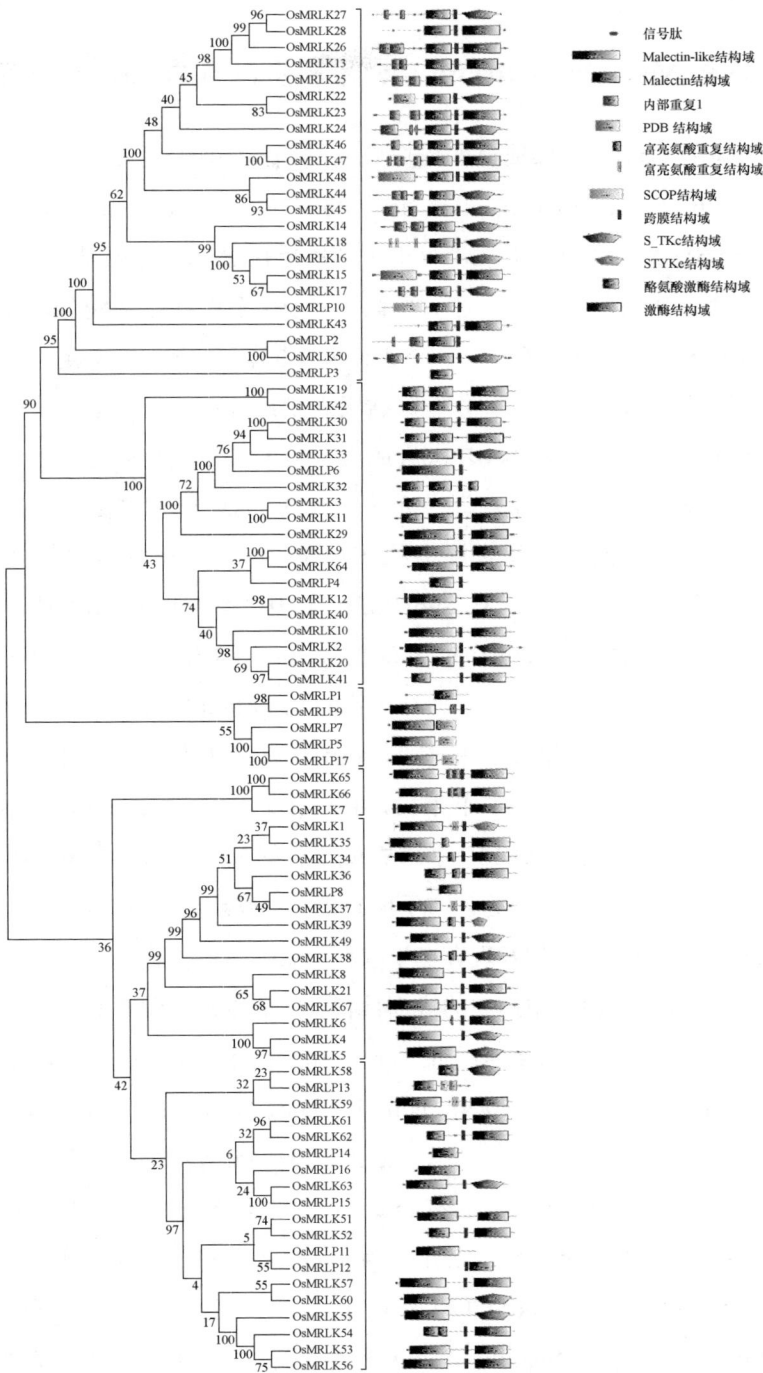

图 2-3　水稻基因组中 OsMP 家族成员的蛋白质的结构域组成

2.4.2　水稻 Malectin/malectin-like 家族蛋白质的 motifs 分析

在明确了 OsMP 家族成员的蛋白质的结构域的组成之后，我们利用 the Multiple Expectation Maximization for Motif Elicitation online tool（http://meme-suite.org/）在线软件进一步分析了其家族成员的保守氨基酸 motifs。我们在 OsMP 家族成员的蛋白质序列中限定了 10 个保存氨基酸 motifs，并将它们命名为 motif 1～motif 10（图 2-4 和表 2-3）。对 OsMP 家族所有成员含有的保守氨基酸 motifs 进行了分析，结果表明：motif 1、motif 2、motif 3、motif 4 和 motif 7 为水稻 OsMP 家族成员含有的关键的保守氨基酸 motifs，这些保守氨基酸 motifs 几乎广泛分布于所有的 OsMPs 亚家族中。同时发现 OsMP 家族中位于同一个亚家族中的 OsMPs 成员具有相似的保守氨基酸 motifs 组成（图 2-4）。例如，在 Subfamily Ⅰ中没有发现 motif 6 的存在；在 Subfamily Ⅱ中没有发现 motif 5、motif 6、motif 8 和 motif 10 的存在；在 Subfamily Ⅲ中没有发现 motif 5 的存在；而在 Subfamily Ⅳ中没有发现 motif 5 和 motif 9 的存在。值得一提的是，motif 5 只存在于 Subfamily Ⅰ中，而 motif 9 只是在 Subfamily Ⅳ中不存在。由此可见，motif 1、motif 2、motif 3、motif 4 和 motif 7 是水稻 OsMP 家族成员含有的关键的氨基酸 motifs，且这几个保守的氨基酸 motifs 广泛分布于所有的 OsMPs 亚家族中。

有必要提及的是，我们发现存在于水稻 OsMP 家族蛋白质中的这十个保守的氨基酸 motifs 在蛋白质结构中的排列具有一定的规则（图 2-4）。例如这些保守的氨基酸 motifs 在蛋白质结构中的从 N 末端到 C 末端的依次排列顺序一般为 motif 8/10、motif 5/6、motif 10/8、motif 7、motif 2、motif 1、motif 3、motif 9 和 motif 4。非常重要的一个特点是，motif 5 和 motif 6 不会同时存在于同一个蛋白质中，如果一个蛋白质中包含有 motif 5，例如 Subfamily Ⅰ的大多数成员，则他们的保守氨基酸 motifs 组成及排列为 motif 8、motif 5、motif 10、motif 7、motif 2、motif 1、motif 3、motif 9 和 motif 4。如果一个蛋白质中包含有 motif 6，例如 Subfamily Ⅲ 和 Subfamily Ⅳ的大多数成员，则他们的保守氨基酸 motifs 组成及排列为 motif 10、motif 6、motif 8、motif 7、motif 2、motif 1、motif 3、

motif 9（Subfamily Ⅳ 中不包含 motif 9）和 motif 4。Subfamily Ⅱ 的大多数

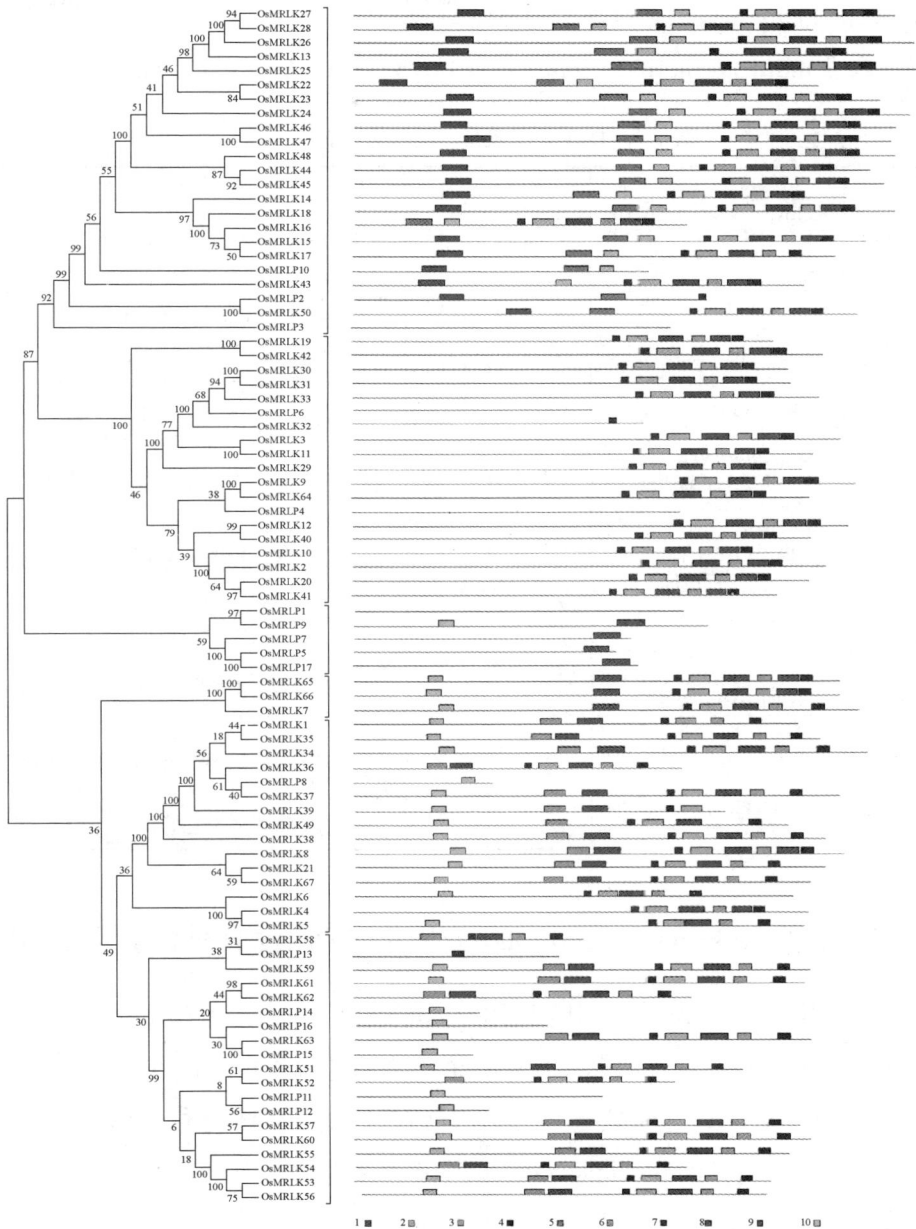

图 2-4　OsMP 家族成员蛋白质的氨基酸序列 motifs 组成

左侧显示的是 OsMP 家族成员的名称和系统进化树，右侧显示 OsMP 家族每个蛋白质相关的 motif 组成，
编号为 1～10 的 motif 被陈列在不同颜色的 boxes 里，每个 motifs 的序列信息见表 2-3

成员只含有 motif 7、motif 2、motif 1、motif 3、motif 9 和 motif 4 这几个保守的氨基酸 motifs，且这些保守的氨基酸 motifs 从 N 末端到 C 末端的排列顺序依次为 motif 7、motif 2、motif 1、motif 3、motif 9 和 motif 4。

表 2-3　OsMP 家族蛋白的保守 motifs 分析

Motifs	Motifs 序列	E 值	位点	宽度	Motifs 图例
Motif 1	RLEICLGAARGLEYLHE GCSPRIIHRDVKTSNILL DTNLVAKISDFGLSK	6.9e-2159	64	50	
Motif 2	HQGKKEFLTEVZTLSKV HHRNLVSLIGYCIEKNE MALVYEY	6.2e-1670	64	41	
Motif 3	FGYLDPEYYMRGQLTE KSDVYSFGVV	1.4e-1094	64	26	
Motif 4	KVIDVALLCTADSPHQR PSMSDVV	1.8e-739	66	24	
Motif 5	RMSPSSLRYYGJGLENG NYTVLLQFAEFAFPDSQ TWKSLGRRVFDIYIQG	2.1e-709	21	50	
Motif 6	SHDNPTTFSQDVDAIMA IKEEYGVKKNWMGDPC FPKEFAWD	3.8e-535	24	41	
Motif 7	JGEGGFGPVYKGKLE	1.6e-497	68	15	
Motif 8	GNLTNJISLDLSNNNLTG SJPDELGNLTKLEQLYLS GNQLSGPIPSSLSK	2.5e-915	50	50	
Motif 9	BNSLEEDKIYLAEWAWS LYEKGQLLGIVDPRLKG FIRPEA	1.3e-572	38	40	
Motif 10	EAIVVVPKNFLEVCLVN AGKGTPFISTLE	2.1e-666	51	29	

2.4.3　水稻 Malectin/malectin-like 家族基因的内含子-外显子组成分析

在漫长的生物进化进程中，同源基因的内含子位置一般都比较保守，旁系同源基因内含子位置的保守性可以揭示不同环境条件下内含子之间的进化关系。因此，根据 OsMP 家族成员的基因组核酸序列和编码区核酸序列，利用 GSDS（http://gsds.cbi.pkuu.edu.cn/）在线软件对所有 OsMP 家族成员的外显子-内含子组织结构分布做了研究，得到了 OsMP 家族成员的外显子-内含子组织结构分布图。研究结果表明：所有 OsMP 家族成员中，内含子数量在不同基因中有很大的差异，从 0 个内含子到 23 个内含子不等（图 2-5）。

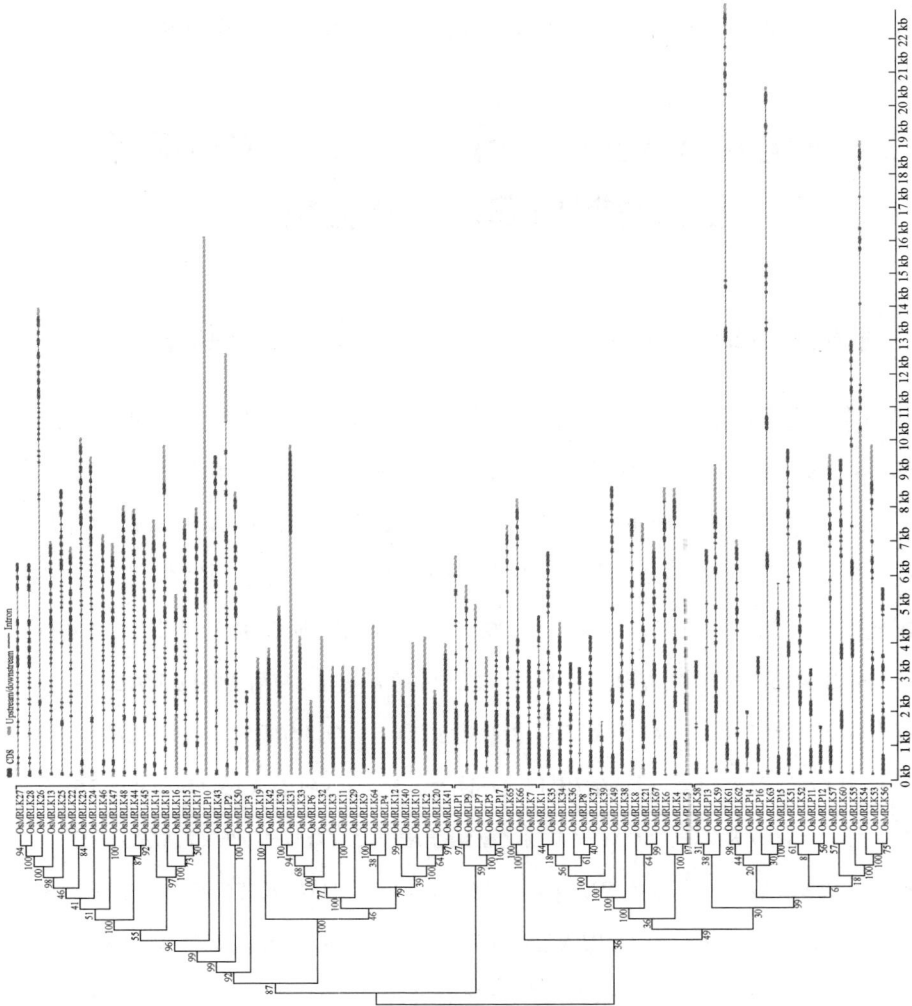

图 2-5　OsMP 家族成员的外显子-内含子组成分析

左侧显示着 OsMP 家族成员的名称和系统进化关系, 右侧显示着 OsMP 家族各个成员的外显子-内含子组成

有意思的是，OsMP 家族的同一个亚家族的成员中通常具有类似的外显子-内含子组织结构。例如，在 Subfamily Ⅱ中，除了 OsMRLK10 和 OsMRLK41 只包含有一个内含子之外，几乎 Subfamily Ⅱ所有成员的基因都不含有内含子；大多数 Subfamily Ⅰ成员的基因中的内含子数量都超过 20 个；而 Subfamily Ⅲ和 Subfamily Ⅳ成员的基因中的内含子数从 2 到 20 不等（图 2-5）。

2.5　水稻 Malectin/malectin-like 家族基因的基因复制和 GO 富集分析

2.5.1　水稻 Malectin/malectin-like 家族基因的基因复制分析

此前有报道称，基因复制事件对生物体的基因家族进化至关重要，因为复制的基因为各种基因组中新基因的生成提供了原材料，这些新基因促进了基因新功能的生成。因此，在本研究中，我们对水稻基因组中 OsMP 家族所占据的重复区域进行了评估，以检测在进化过程中 OsMP 家族是否发生了基因的复制或基因的扩张。研究发现 OsMP 家族存在着基因复制现象（图 2-6）。我们检测到 OsMP 家族有 30 对基因之间存在复制现象，如 *OsMRLK*1-*OsMRLK*34、*OsMRLK*3-*OsMRLK*11、*OsMRLK*3-*OsMRLK*29、*OsMRLK*7-*OsMRLK*66、*OsMRLK*10-*OsMRLK*41、*OsMRLK*11-*OsMRLK*3、*OsMRLK*13-*OsMRLK*25、*OsMRLK*13-*OsMRLK*47、*OsMRLK*13-*OsMRLK*27、*OsMRLP*6-*OsMRLK*30、*OsMRLP*6-*OsMRLK*31、*OsMRLK*15-*OsMRLK*43、*OsMRLK*20-*OsMRLK*41、*OsMRLK*22-*OsMRLK*46、*OsMRLK*23-*OsMRLK*47、*OsMRLK*24-*OsMRLK*47、*OsMRLK*25-*OsMRLK*46、*OsMRLK*25-*OsMRLK*47、*OsMRLK*25-*OsMRLK*44、*OsMRLK*27-*OsMRLK*25、*OsMRLK*27-*OsMRLK*46、*OsMRLK*29-*OsMRLK*11、*OsMRLK*33-*OsMRLK*3、*OsMRLP*-*OsMRLK*5、*OsMRLK*46-*OsMRLK*27、*OsMRLP*12-*OsMRLK*34、*OsMRLK*53-*OsMRLK*38、*OsMRLK*34-*OsMRLP*15、

*OsMRLK*64-*OsMRLK*9 和 *OsMRLK*65-*OsMRLK*66，说明植物的 OsMP 家族基因也存在基因复制等进化事件。

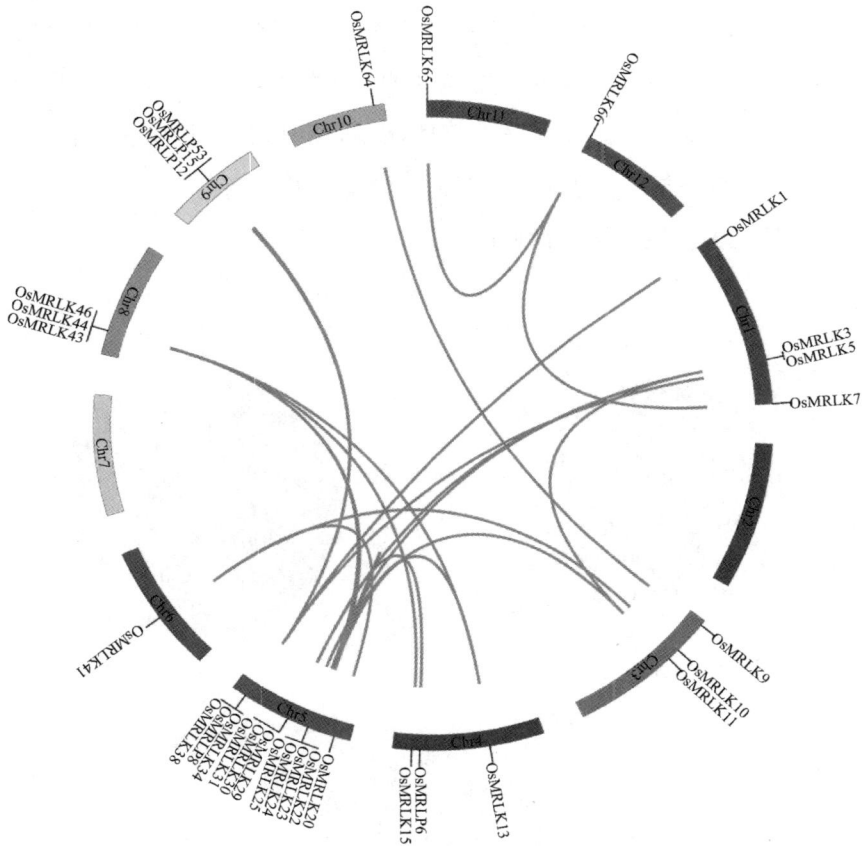

图 2-6　OsMP 家族的同源性分析

水稻的 12 条染色体以不同的颜色显示，每条染色体上都有染色体编号，OsMPs 基因的大致位置在圆上用黑色短线标记，曲线表示基因间的共线关系

2.5.2　水稻 Malectin/malectin-like 家族基因的 GO 富集分析

在了解了水稻 Malectin/malectin-like 家族成员的结构组成之后，我们对水稻 Malectin/malectin-like 家族成员进行了基因本体（GO）分析，以探索 Malectin/malectin-like 家族蛋白的生物学功能（图 2-7）。在 OsMP 家族蛋白

可能参与的细胞成分方面，GO 分析预测显示 OsMP 家族成员可能在细胞内膜、细胞内的各类细胞器和亚细胞层面的其他膜结合细胞器中起着重要作用（图 2-7A）。在 OsMP 家族成员可能可能参与的生物学进程方面，GO 分析预测显示 OsMP 家族蛋白可能在生物学水平上调节细胞过程和代谢过程（图 2-7B）。在 OsMP 家族成员可能具备的生物学功能方面，GO 分析预测显示 OsMP 家族蛋白在分子水平上可能在结合和催化活性中具有潜在作用（图 2-7C）。GO 分析结果表明，水稻 OsMP 家族蛋白可能参与多种植物的代谢网络，调控多种生物学过程和途径。

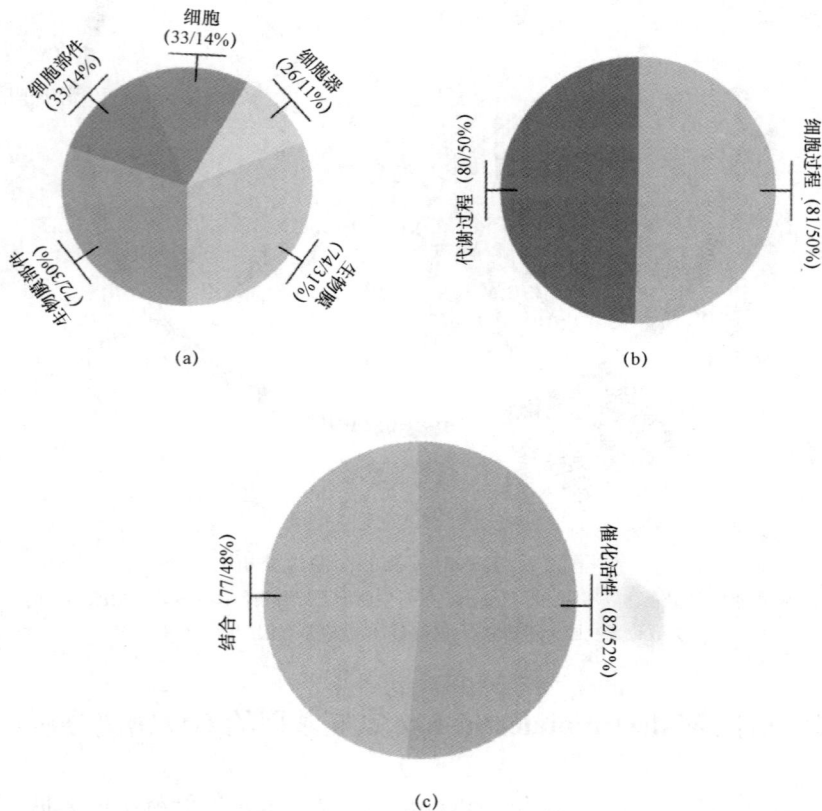

图 2-7　OsMP 家族成员的基因本体论（GO）分析预测其可能的生物学功能
（A）细胞组成部分；（B）生物学过程；（C）分子生物功能

2.6　水稻 Malectin/malectin-like 家族基因的表达谱分析

2.6.1　水稻 Malectin/malectin-like 家族基因组织特异性表达模式分析

为了明确 OsMP 家族在水稻生长发育过程中的作用，我们对 OsMP 家族在水稻不同生长发育阶段的不同组织中的转录水平进行了研究。基于从 Genevestigator v3 获得的一组微阵列数据和 qRT-PCR 实验，我们获得了 OsMP 家族在水稻不同的发育阶段的不同组织中的转录水平。来自 Genevestigator v3 获得的 OsMPs 的微阵列分析数据，通过 MultiExperiment Viewer 软件以热图的形式呈现，反映了 OsMPs 成员在不同组织中的转录水平的增加（图 2-8A）。我们分析了 9 个组织（包括幼苗、芽、叶、种子、胚乳、胚胎、花药、雌蕊、受精前后的花序）中 OsMP 家族成员的转录水平。结果显示：OsMP 家族中 84 个候选基因在各个测试组织中表现出不同的转录水平（图 2-8A）。水稻 OsMP 家族中的 5 个成员（*OsMRLK*3、*OsMRLP*4、*OsMRLK*11、*OsMRLP*7 和 *OsMRLK*41）在所有被分析的组织中都有相对较高的转录表达；7 个成员（*OsMRLK*10、*OsMRLP*6、*OsMRLK*20、*OsMRLK*24、*OsMRLK*64、*OsMRLK*65 和 *OsMRLK*66）在大多数被分析的组织中都有较高的转录水平；4 个成员（*OsMRLK*6、*OsMRLK*7、*OsMRLK*8 和 *OsMRLP*17）在所有被分析的组织中均具有极低的转录水平。

此外，我们对 OsMP 家族中的 10 个 *OsMRLKs* 成员（*OsMRLK*13、*OsMRLK*16、*OsMRLK*24、*OsMRLK*33、*OsMRLK*41、*OsMRLK*50、*OsMRLK*55、*OsMRLK*59、*OsMRLK*64 和 *OsMRLK*66）进行 qRT-PCR，以验证他们在不同组织中的转录水平（图 2-8B）。采集 3 个不同阶段的共 14 个不同的组织用于实验：① 幼苗期：Leaf，Stem；Root；② 孕穗期：Node-1、Node-2、Internode-1、Internode-2、Leaf sheath-1；Leaf-sheath-2；③ 抽穗期：Flag leaf、Leaf blade、Flower stage-1、Flower stage-2；Flower stage-3。

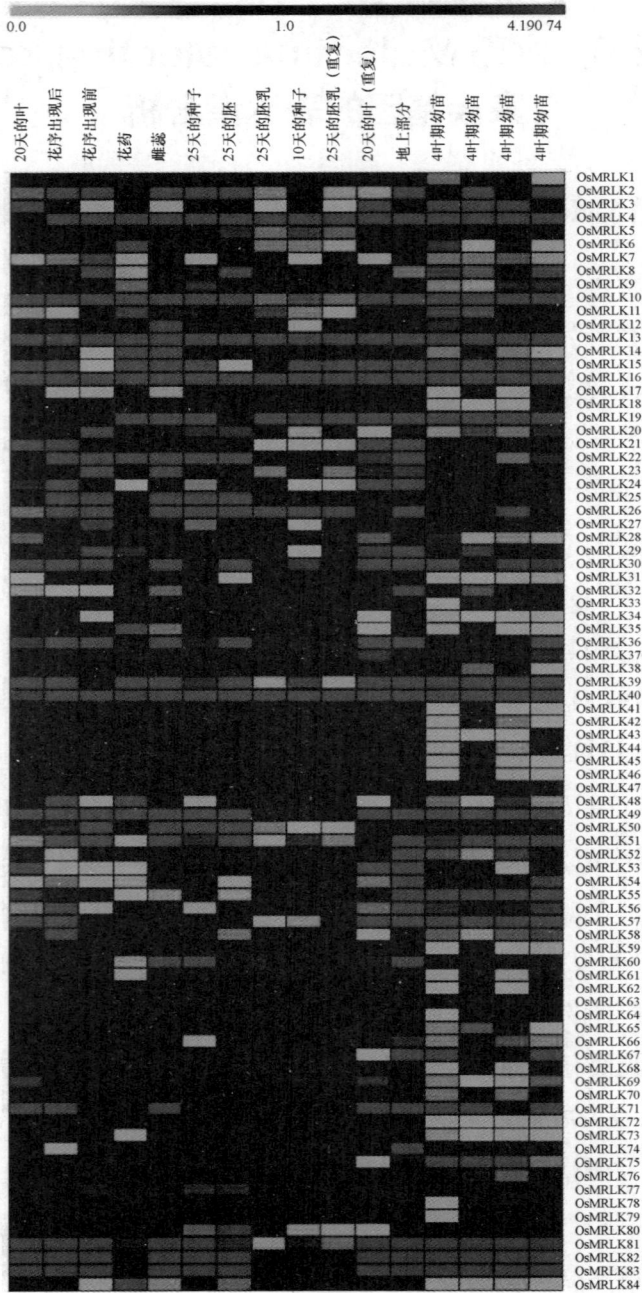

图 2-8　OsMP 家族在不同组织中的表达谱

（A）显示 OsMP 家族表达谱的 heatmap 图（Heatmap 的数据来源于 Array Express 数据，显示了 OsMP 家族在不同组织和器官中的差异表达水平。基于 Array Express 数据将 OsMP 家族成员的相对转录水平以热图的形式表示）；

(B)

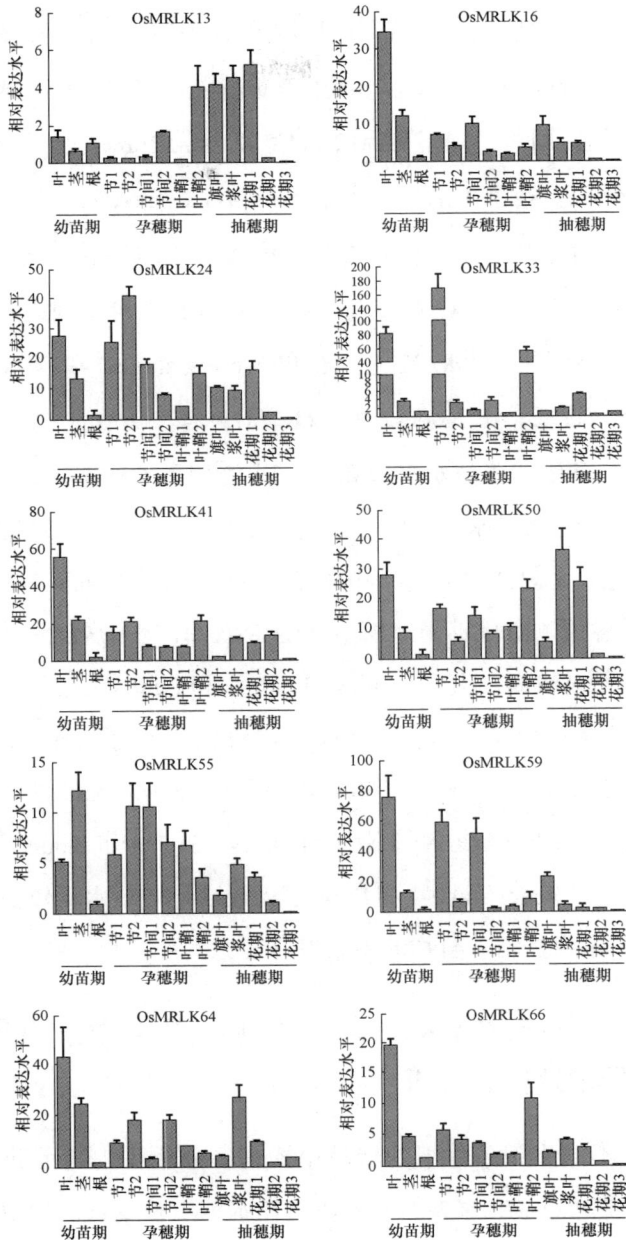

图 2-8　OsMP 家族在不同组织中的表达谱（续）

（B）显示 OsMPs 基因表达谱的 qRT-PCR 数据（图为 OsMP 家族的组织特异性表达水平。在不同发育阶段采集标本，通过 qRT-PCR 进行分析。X 轴表示组织。Y 轴表示各组织的相对表达水平。误差条表示三个独立的 qRT-PCR 生物学重复的标准差）

在本研究中，我们观察到所有被检测的 *OsMRLKs* 基因家族成员在叶片中均具有明显的较高的转录水平，而所有被检测的 *OsMRLKs* 成员在根中的转录水平都较低。同样，除了 *OsMRLK*13 和 *OsMRLK*33 基因外，其余被检测的 *OsMRLKs* 成员在茎中的表达水平也相当高。在 Node-1 中，*OsMRLK*24、*OsMRLK*33、*OsMRLK*59 的表达水平明显较高，达 20 多倍；其余的基因，如 *OsMRLK*16、*OsMRLK*41、*OsMRLK*50 和 *OsMRLK*55 等基因的转录水平也相对较高。所有被检测的 *OsMRLKs* 基因在 Flowering stage-1 和 Flowering stage-2 中的转录水平均较低。在 Node-2 中，*OsMRLK*24、*OsMRLK*41、*OsMRLK*55 和 *OsMRLK*64 基因的表达水平较高。本研究中除 *OsMRLK*33、*OsMRLK*59 和 *OsMLK*66 之外，所有基因在叶片中均表现出 5 倍或 5 倍以上的表达水平。

我们注意到，*OsMRLK*13 基因的转录水平在幼苗期和孕穗期较低，但在抽穗期较高。各检测阶段不同组织中 *OsMRLK*24、*OsMRLK*50、*OsMRLK*55 的转录水平均相对较高。除了 Leaves、Node-1 和 Leaf sheath-2 之外，大多数被检测组织中 *OsMRLK*33 的转录水平均较低；除了 Leaves、Node-1、Internode-1 和 Leaf flag 之外，大多数被测组织中 *OsMRLK*59 的转录水平均较低。大多数被检测的 *OsMRLKs* 基因在 Leaves，Stems 和 Node-1 处转录水平较高，而在 Roots，Flower stage-2 和 Flower stage-3 处转录水平较低。结果表明，*OsMRLKs* 基因家族控制着植物的生长发育，尤其是叶片、节点等发育过程。

2.6.2 水稻 Malectin/malectin-like 家族基因对激素和非生物胁迫的诱导表达模式分析

对基因在不同生长条件下的转录模式进行分析可为基因功能的研究提供重要线索，在对 OsMP 家族的不同成员在水稻生长发育过程中的作用进行初步研究之后，我们也对其家族成员在非生物胁迫过程中的转录模式进行了初步研究。我们采用 qRT-PCR 方法研究了干旱、冷害和盐胁迫下 OsMP 家族的转录水平。研究所有 OsMP 家族的转录模式极其困难，因此我们选取了

10 个 OsMP 家族成员（*OsMRLK*13、*OsMRLK*16、*OsMRLK*24、*OsMRLK*33、*OsMRLK*41、*OsMRLK*50、*OsMRLK*55、*OsMRLK*59、*OsMRLK*64 和 *OsMRLK*66），对其在干旱、盐胁迫和冷害胁迫下的转录水平进行了评估（图 2-9A）。我们发现，在干旱胁迫下各个时间点，*OsMRLK*24、*OsMRLK*50、*OsMRLK*55、*OsMRLK*64 和 *OsMRLK*66 的转录水平相对于胁迫前（0 h）均有不同程度的上调；盐胁迫下各时间点，*OsMRLK*13、*OsMRLK*16、*OsMRLK*64 和 *OsMRLK*66 的转录水平相对于胁迫前也均有不同程度的上调；而在低温胁迫下，10 个被测试的 *OsMRLKs* 的转录水平均有不同程度的微弱的下调或上调。总的来说，我们观察到大多数 *OsMRLKs* 成员的转录水平受干旱、盐胁迫显著影响，但受冷害胁迫的影响不太明显。与胁迫之前相比，干旱胁迫和盐胁迫下的转录水平较高，冷胁迫下的转录水平较低。

我们也采用 qRT-PCR 分析了 OsMP 家族中 10 个 *OsMRLKs* 成员（*OsMRLK*13、*OsMRLK*16、*OsMRLK*24、*OsMRLK*33、*OsMRLK*41、*OsMRLK*50、*OsMRLK*55、*OsMRLK*59、*OsMRLK*64 和 *OsMRLK*66）在外源植物激素 ABA，SA 和 MeJA 作用下的转录模式，揭示不同激素对 OsMP 家族成员转录水平的影响（图 2-9B）。我们发现：在外源 ABA 处理后，相对于处理之前（0 h），*OsMRLK*16、*OsMRLK*24、*OsMRLK*33、*OsMRLK*41、*OsMRLK*55、*OsMRLK*59、*OsMRLK*64 和 *OsMRLK*66 的转录水平在所有的测试时间点均有所提高，而 *OsMRLK*13 和 *OsMRLK*50 的转录水平在所有的测试时间点也有不同水平的变化（上调或下调）。在外源激素 SA 作用下，*OsMRLK*16、*OsMRLK*41、*OsMRLK*64 和 *OsMRLK*66 的转录水平在各测试时间点与 0 h 相比均有所上调；而 *OsMRLK*55 和 *OsMRLK*59 表达水平在各测试时间点均下调；*OsMRLK*13 和 *OsMRLK*50 的表达水平在 3 h 和 6 h 的时候下调，在 12 h 的时候开始上调，在 24 h 的时候又降至低水平；*OsMRLK*33 的表达水平在所有检测点均未被强烈诱导。在外源激素 MeJA 作用下，*OsMRLK*16 和 *OsMRLK*64 的转录水平随着时间的推移，在被测试的各个时间点的表达水平越来越高；*OsMRLK*55 和 *OsMRLK*59 在 1、3、6 h 的时候表达下调，24 h 的时候突然升高；*OsMRLK*13

A

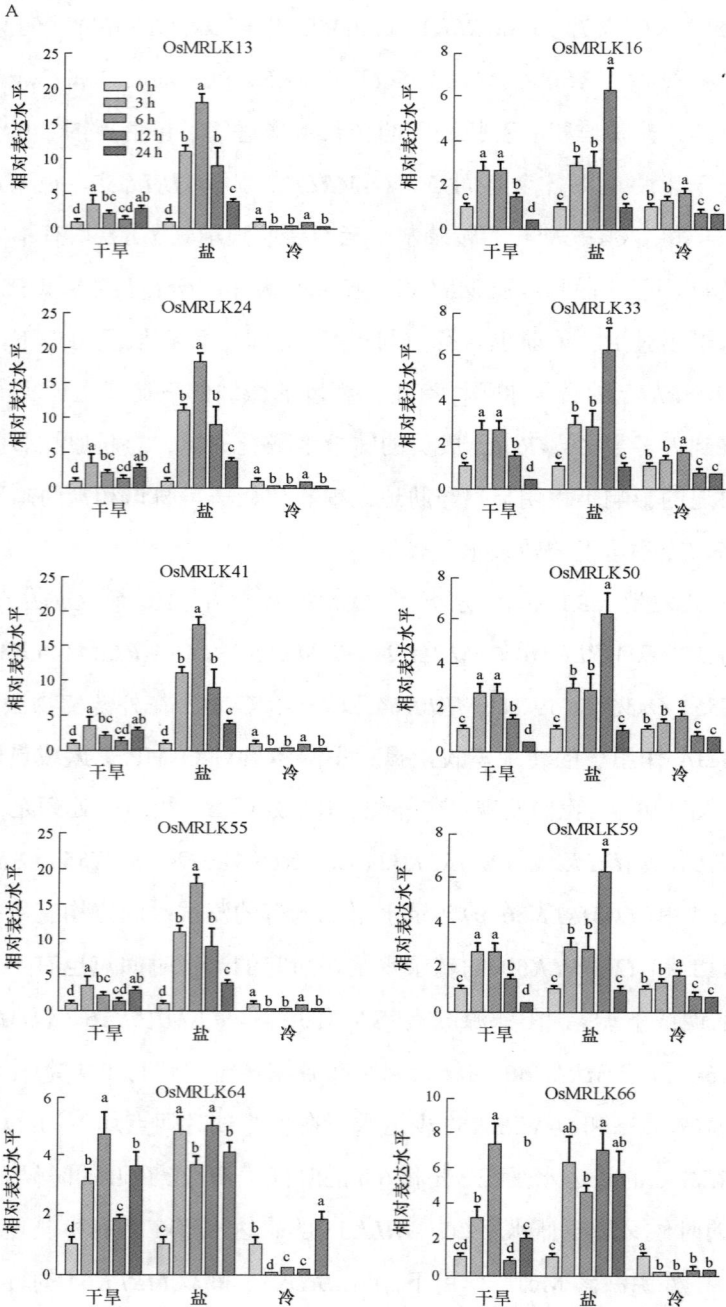

图 2-9　OsMP 家族成员在非生物胁迫和外源激素作用下的诱导表达谱

（A）OsMP 家族部分成员在非生物胁迫下的诱导表达谱；

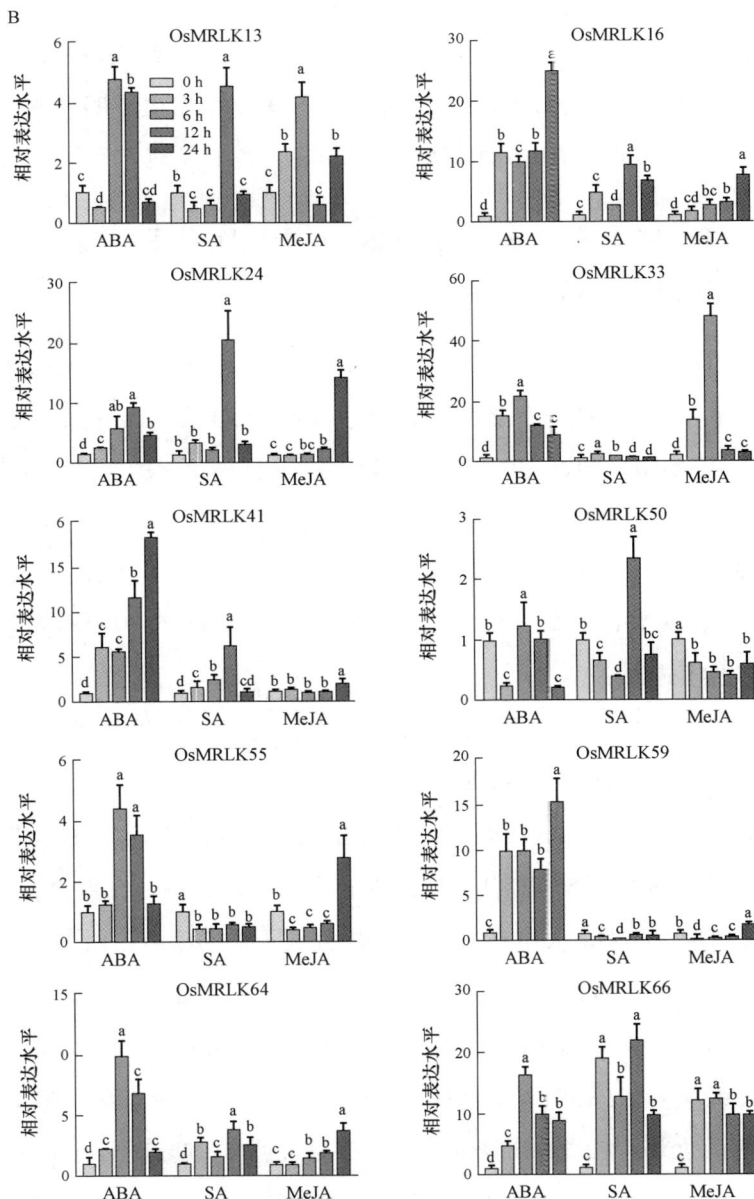

图 2-9　OsMP 家族成员在非生物胁迫和外源激素作用下的诱导表达谱（续）

（B）外源激素诱导下的 OsMP 家族部分成员的表达模式

X 轴表示不同的处理。Y 轴为各处理相对于对照组（0 h）的相对表达水平，误差条为三个独立的 qRT-PCR 生物学重复的标准差。小写字母（a～e）表示差异显著（$p < 0.05$）

和 *OsMRLK*33 在 1、3 h 的时候表达上调，6 h 的时候表达下调。*OsMRL*66 的转录水平在各被测试的时间点均有所上调。以上研究结果表明，在对激素信号分子的响应中，*OsMRLKs* 家族基因的转录水平发生了明显的变化，提示 *OsMRLKs* 家族成员在水稻中存在激素诱导的差异反应。

2.6.3 水稻 Malectin/malectin-like 家族基因对重金属胁迫的诱导表达模式分析

将水稻幼苗分别暴露在 7 种不同的重金属（Zn、Co、Ni、Mn、Fe、Cd、Pb）胁迫下，观察 OsMP 家族的转录表达模式，预测他们可能参与的重金属胁迫过程（图 2-10）。通过 qRT-PCR 检测不同重金属胁迫下的不同时间点 OsMP 家族在转录水平上的差异表达情况。我们检测了 10 个 *OsMRLKs* 成员（*OsMRLK*13、*OsMRLK*16、*OsMRLK*24、*OsMRLK*33、*OsMRLK*41、*OsMRLK*50、*OsMRLK*55、*OsMRLK*59、*OsMRLK*64 和 *OsMRLK*66）在 7 种不同重金属胁迫下的转录模式。

研究结果表明：与对照组相比，在重金属 Zn 胁迫后的各时间点，*OsMRLK*13、*OsMRLK*16、*OsMRLK*41 和 *OsMRLK*50 的转录水平均有所上调。在重金属 Co 处理后的各时间点，*OsMRLK*13、*OsMRLK*22、*OsMRLK*33、*OsMRLK*41、*OsMRLK*55 和 *OsMRLK*66 转录水平均上调。在重金属 Ni 胁迫后的各时间点，*OsMRLK*33 的转录水平均呈现下调的趋势；而 *OsMRLK*16、*OsMRLK*64 和 *OsMRLK*66 的转录水平受重金属 Ni 胁迫的影响不明显。在重金属 Mn 胁迫下，*OsMRLK*13、*OsMRLK*16、*OsMRLK*24、*OsMRLK*41、*OsMRLK*50、*OsMRLK*55、*OsMRLK*64 和 *OsMRLK*66 的转录水平在 3 h、6 h、12 h 均有所上调，在 24 h 恢复正常。在重金属 Fe 胁迫下，*OsMRLK*13、*OsMRLK*16、*OsMRLK*24、*OsMRLK*33、*OsMRLK*41、*OsMRLK*64 和 *OsMRLK*66 的转录水平在各个测试的时间点的均呈上调趋势；*OsMRLK*50 和 *OsMRLK*55 随着重金属 Fe 胁迫时间的推移，转录水平呈逐渐升高趋势。在重金属 Cd 胁迫下，*OsMRLK*16、*OsMRLK*24、*OsMRLK*33、*OsMRLK*41、*OsMRLK*50 和

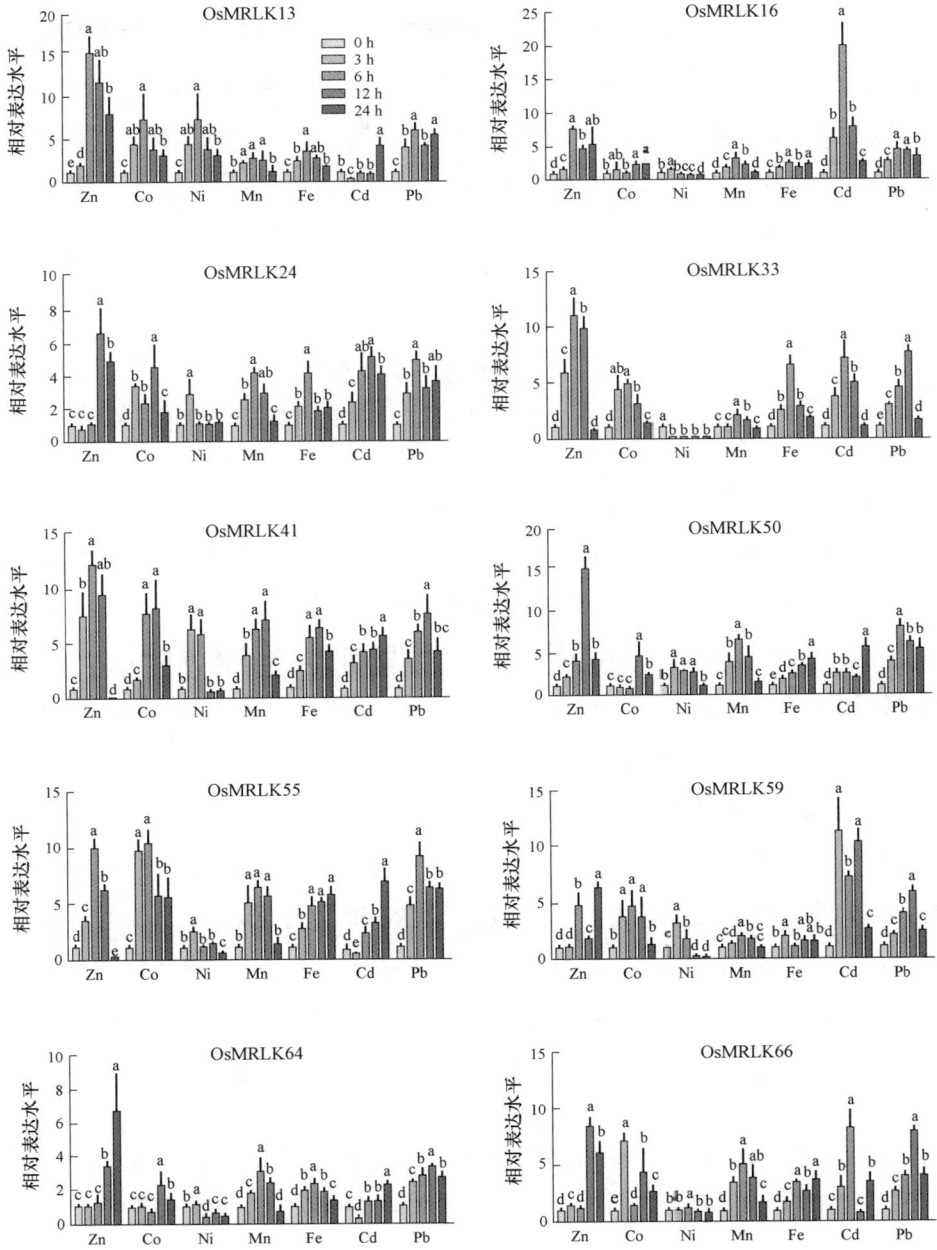

图 2-10 OsMP 家族成员对重金属胁迫的诱导表达谱分析

X 轴表示不同的胁迫处理。Y 轴为各处理时间点相对于对照组（0 h）的相对表达水平。误差条表示
三个独立的 qRT-PCR 生物学重复的标准差。小写字母（a～e）表示差异显著（$p < 0.05$）。
简写：锌（Zn）、钴（Co）、镍（Ni）、锰（Mn）、铁（Fe）、镉（Cd）、铅（Pb）

*OsMRLK*59 的转录水平在各时间点均表现为上调。被研究的 10 个 *OsMRLKs* 成员，在重金属 Pb 胁迫下的各时间点转录水平均上调。我们还注意到，所有被检测的重金属（除 Ni 之外）胁迫对大多数水稻 *OsMRLKs* 基因的影响都较大。*OsMRLKs* 家族成员在金属胁迫后的独特的诱导表达模式表明了 *OsMRLKs* 家族基因可在水稻响应重金属胁迫过程中发挥着一定的作用。

2.7　研究结果分析

含碳水化合物结合的 Malectin/malectin-like 结构域的蛋白质属于近十年来发现的一个新的蛋白质家族，出现在动物、植物和细菌中。在植物中，Malectin/malectin-like 结构域单独附加到 LRKs 和 LRPs 上，或与位于细胞外的 SCOP/PDB/LRR/RPT1 结构域组合在一起附加到 LRKs 和 LRPs 上，以构成 MRLKs 和 MRLPs。这些 MRLKs 和 MRLPs 属于一个大的蛋白质家族，在植物生长调节、细胞壁完整性、花粉管发育和识别、植物信号转导和植物免疫等方面发挥着重要作用。

在本研究中，我们从水稻基因组中鉴定到了 84 个含有 Malectin/malectin-like 结构域的 OsMPs，其中有 67 个 *OsMRLKs* 和 17 个 *OsMRLPs*。组织特异性基因表达谱分析揭示了 OsMP 家族成员在植物生长和组织器官发育中的不同作用。在外源激素诱导、各种非生物胁迫和重金属胁迫下，OsMP 家族成员的诱导表达模式暗示了 OsMPs 基因成员在多变量应激响应中的重要作用。

2.7.1　水稻 Malectin/malectin-like 家族成员结构与系统发育密切相关

近十年来，含有 Malectin/malectin-like 结构域的蛋白质受到了科学界的广泛关注，目前已经在拟南芥和草莓中进行了 *MRLKs* 基因的全基因组鉴定分析。在本研究中，我们在水稻基因组中鉴定到了 84 个含有 Malectin/

malectin-like 结构域的蛋白质家族的基因（表 2-1，表 2-2），其中包含有 67 个 *OsMRLKs* 和 17 个 *OsMRLPs*。我们利用 MEGA 7.0.26 软件，利用最大似然法构建了一个基于全长蛋白质序列比对的无根系统发育树。根据系统进化关系，OsMP 家族成员可分为四个亚家族（图 2-2A），分别命名为 Subfamily Ⅰ、Subfamily Ⅱ、Subfamily Ⅲ 和 Subfamily Ⅳ。根据对 OsMP 家族成员的蛋白质的主要结构域的组成分析发现，其不同亚家族间的一个主要差异是细胞外主要结构域的组成不同（图 2-2B，图 2-3）。例如，Subfamily Ⅰ 的大多数成员，其细胞外含有一个 malectin 结构域，另外在 Malectin 结构域的 N 末端还含有一个或多个 SCOP/PDB/LRR/RPT1 结构域；Subfamily Ⅱ 的大多数成员，其细胞外含有两个 Malectin 结构域；Subfamily Ⅲ 的大多数成员在其细胞外含有一个 malectin-like 结构域，另外在 Malectin-like 结构域的 C 末端还存在着一个或多个 SCOP/PDB/LRR/RPT1 结构域；而 Subfamily Ⅳ 的大多数成员在其细胞外的结构域的组成中只含有一个 Malectin-like 结构域。

我们还发现，处于同一个亚家族中的 OsMPs 成员具有相似的保守的氨基酸 motifs 组成，并且在四个亚家族中这些保守的氨基酸 motifs 从 N-末端到 C-末端的排列存在着一定的规则（图 2-4）。例如，在 Subfamily Ⅰ 中，大多数成员中保守的氨基酸 motifs 从 N-末端到 C-末端的依次排列为：motif 8、motif 5、motif 10、motif 7、motif 2、motif 1、motif 3、motif 9 和 motif 4，但是没有发现 motif 6 的存在。在 Subfamily Ⅱ 中，大多数成员只含有 motif 7、motif 2、motif 1、motif 3、motif 9 和 motif 4 这几个保守的氨基酸 motifs，且这些保守的氨基酸 motifs 从 N 末端到 C 末端的依次排列顺序为：motif 7、motif 2、motif 1、motif 3、motif 9 和 motif 4。对于 Subfamily Ⅲ 和 Subfamily Ⅳ 的大多数成员，他们中的保守的氨基酸 motifs 组成和它们从 N 末端到 C 末端的依次排列顺序为：motif 10、motif 6、motif 8、motif 7、motif 2、motif 1、motif 3、motif 9（Subfamily Ⅳ 中不包含 motif 9）和 motif 4。

此外，处于同一个亚家族中的 OsMPs 成员一般具有相似的外显子-内含子结构组成。例如，几乎所有 Subfamily Ⅱ 家族成员都没有内含子或具有极

少的内含子，而大多数 Subfamily Ⅱ 家族成员的内含子数量大于 20 个。Subfamily Ⅲ 和 Subfamily Ⅳ 家族成员的内含子数目均介于从 2 到 20 之间（图 2-5）。这些结果进一步加强了在植物进化过程中 OsMPs 可能发生过近距离进化事件的证据。

此外，据报道包括串联和分段复制在内的复制事件是各种植物中 *RLKs* 基因家族延伸的关键过程。我们在水稻 OsMP 家族中检测到 30 对基因存在基因复制情况（图 2-6）。复制区域的存在表明可能是基因复制事件导致了植物中 OsMP 家族的扩张。总的来说，同一个亚家族的保守的蛋白结构域组成、内含子-外显子分布情况和保守 motifs 的排列情况以及 OsMP 家族的基因复制事件等揭示了植物特别是水稻中 OsMP 家族存在着紧密的进化关系。

2.7.2 水稻 Malectin/malectin-like 家族蛋白参与调节植物生长和组织器官发育过程

为了生长，植物细胞必须密切监测细胞壁的完整性，并与其内部生长机制进行协调。细胞壁传感器向植物细胞反馈细胞壁的分子、化学和结构组成，以及它的张力。如果细胞壁太硬或太松，细胞要么生长停滞，要么失去完整性。有趣的是，一些 MRLKs 参与了生长过程。FER 与其两个最接近的同系物 ANX1/2 共同控制极化细胞的生长，从而在花粉管和根毛伸长的调控中发挥关键作用。另外，THE1 的功能是介导植物细胞对纤维素合成的紊乱反应。THE1 和 HERK1/2 调节细胞伸长。FER 还可能参与乙烯生物合成、淀粉积累、种子发育和营养生长。

在本研究中，我们对水稻不同发育阶段/组织中的 OsMP 家族的转录水平进行了研究，以便预测 OsMP 家族在水稻生长发育中的生物学作用。微阵列数据分析显示，84 个 OsMPs 基因在各个被检测组织中的转录水平不同（图 2-8A）。其中，5 个 OsMP 家族成员（*OsMRLK*3、*OsMRLP*4、*OsMRLK*11、*OsMRLP*7 和 *OsMRLK*41）在所有被分析的组织中均有相对较高的转录表达，7 个 OsMP 家族成员（*OsMRLK*10、*OsMRLP*6、*OsMRLK*20、*OsMRLK*24、

*OsMRLK*64、*OsMRLK*65 和 *OsMRLK*66）在大多数被分析的组织中有较高的转录水平，而 4 个 OsMP 家族成员（*OsMRLK*6、*OsMRLK*7、*OsMRLK*8 和 *OsMRLP*17）在所有被研究的组织中的转录水平均较低。综合以上的结果，OsMP 家族在水稻生长和组织器官发育中具有多重作用。

　　我们选取了 10 个 OsMP 家族利用 qRT-PCR 对其转录模式进行了分析，以便进一步分析 OsMP 家族在植物不同发育和生长阶段中可能的生物学功能（图 2-8B）。在本研究中，我们观察到所有被检测的 OsMPs 基因的转录水平在叶片中都有较高的转录水平。除 *OsMRLK*13 和 *OsMRLK*33 基因外，所有被检测的 *OsMRLKs* 基因在水稻茎中均有相对较高的表达水平，说明 *OsMRLKs* 家族基因在水稻的生长、发育、植物营养生长和组织器官发育中发挥着非常大的作用。部分基因如 *OsMRLK*24、*OsMRLK*33 和 *OsMRLK*69 在节点相关组织中有较高水平的表达，而水稻 *OsMRLKs* 基因中除 *OsMRLK*33、*OsMRLK*59 和 *OsMRLK*66 基因外，其余大部分在叶片中有较高水平的表达。总的来说，qRT-PCR 分析发现水稻 *OsMRLKs* 基因成员在 Leaves、Stems 和 Node-1 中表达量较高，在 Roots、Flower stage-2 和 Flower stage-3 中表达量较低。基于微阵列和 qRT-PCR 分析，我们推测 *OsMRLKs* 家族基因可能参与调节水稻的生长和组织器官的发育过程，一些 *OsMRLKs* 家族基因可能在水稻进化的特定发育阶段具有独特的生物学功能。

2.7.3　水稻 Malectin/malectin-like 家族基因参与植物对多变量胁迫的应激响应过程

　　研究表明，植物激素调节植物生长和防御反应等关键过程需要动态细胞壁的重构。因此推测 OsMP 家族成员可能参与了多种激素通路的交叉对话。例如，有研究发现 FER 或下游互作蛋白 GEF1/4/10（鸟嘌呤交换因子 1/4/10）或 ROP11/ARAC10（RHO of PLANTS 11/racoid GTP BINDING PROTEIN 10）功能缺失突变体的幼苗对 ABA 高度敏感。BR 信号通路方面，也有报道过 BRs 通过 BR-responsive factor BES1 调控 FER、HERK1、HERK2 和 THE1 的表达；

fer 幼苗在黑暗中对 BR 不敏感，而在光照下敏感。最近的报道指出 FER 对生长素信号的响应是积极的，例如有报道指出，*fer* 幼苗对生长素介导的根毛伸长不敏感；然而，过早发生的根毛没有伸长，并不能明确地归因于生长素信号不敏感。也有报道指出，*fer* 植物对乙烯的反应也非常敏感，在黑暗条件下，饱和的乙烯水平会使下胚轴发生严重的缩短。本论文研究表明 OsMP 家族成员的转录水平受外源 ABA，SA，MeJA 等激素的显著影响（图 2-9B），提示 OsMPs 基因对多种植物激素均具有不同程度的应答。

我们注意到，外源 ABA 处理可以使 *OsMRLK*16、*OsMRLK*24、*OsMRLK*33、*OsMRLK*41、*OsMRLK*55、*OsMRLK*59、*OsMRLK*64 和 *OsMRLK*66 的转录水平发生变化（图 2-9B）。在外源激素 SA 作用下，*OsMRLK*16、*OsMRLK*41、*OsMRLK*64 和 *OsMRLK*66 转录水平上调。MeJA 处理后，随着时间点的推移，*OsMRLK*16 和 *OsMRLK*64 表达水平升高（图 2-9B）；*OsMRLK*13 和 *OsMRLK*33 在不同时间点的表达量也有所上调。总的来说，我们注意到 OsMP 家族成员在对各种激素的应答中转录水平存在明显的变化，这表明在水稻中 OsMP 家族成员可能参与调节各种激素信号通路，特别 ABA、SA 和 MeJA 信号通路。

最近有报道称，许多不利的环境条件，如盐度、干旱和高温，对植物的生长和发育都有不利的影响。例如，*fer* 幼苗对盐、冷、热胁迫高度敏感。然而，当甘露醇处理时，它们对渗透压却非常敏感。此外，*fer* 幼苗对磷酸盐缺乏不敏感。在这里，我们注意到与 0 h 相比，大部分 OsMPs 成员在干旱和盐胁迫下转录水平较高，在冷胁迫下转录水平较低（图 2-8A）。本研究发现，大多数 OsMPs 成员的转录水平在干旱和盐胁迫下显著提高，但在冷胁迫下没有显著影响。我们发现干旱胁迫下，*OsMRLK*24、*OsMRLK*50、*OsMRLK*55、*OsMRLK*64 和 *OsMRLK*66 等基因的转录水平显著上调。在盐胁迫下，*OsMRLK*13、*OsMRLK*16、*OsMRLK*64 和 *OsMRLK*66 的转录水平明显升高。在寒冷胁迫下，所有被检测的 *OsMRLKs* 基因的转录水平都较低。基于这些发现（图 2-9A），我们推测 OsMP 家族可能在应对非生物胁迫，特别是干旱和盐胁迫中发挥关键作用。

此外，我们发现，在大多数测试时间点，Zn、Co、Ni、Mn、Fe、Cd、Pb 这 7 种重金属对 10 个 *OsMRLKs* 成员的转录水平均具有显著影响。目前的研究发现，在应对所有 7 种重金属胁迫时，*OsMRLK*13、*OsMRLK*24、*OsMRLK*41 和 *OsMRLK*50 的表达显著提升（图 2-10）。此外，我们发现其余 *OsMRLKs* 成员如 *OsMRLK*16、*OsMRLK*23、*OsMRLK*55、*OsMRLK*59、*OsMRLK*64 和 *OsMRLK*66 的转录水平在某个重金属的不同胁迫时间点会下降，说明 OsMP 家族可能是一种对多种重金属应激响应的潜在标志物，在植物抵御重金属胁迫中具有重要作用。

总的来说，基于现有研究结果，我们认为 OsMPs 基因可能在水稻生长发育过程中具有多种生物学功能，特别是在应对各种外源激素、非生物胁迫、重金属胁迫时起重要调节作用。尽管如此，OsMP 家族在应对多变量胁迫过程中的确切作用尚不明确，还需要进一步深入的分子实验来探索其在水稻生长发育及应对各类生物和非生物胁迫中的分子机制和可能的贡献。

2.8　本章小结

在本研究中，从水稻基因组共鉴定出 84 个 OsMPs。我们将 OsMP 家族成员根据其系统进化关系分为四个亚家族。OsMP 家族在每个亚家族中都具有相似的结构域组成、外显子-内含子结构组成和保守氨基酸 motifs 排列。此外，我们注意到基因重复事件可能导致 OsMP 家族的扩增。在进化研究的基础上，我们注意到 OsMP 家族成员在植物进化过程中具有密切的进化关系。组织特异性基因表达谱分析显示，OsMP 家族可能调节植物生长和组织器官发育过程，特别是在叶片、茎、开花和节点发育中起重要作用。OsMP 家族成员的转录水平对许多外部因素如非生物胁迫和外源激素诱导非常敏感。此外，我们还注意到 OsMP 家族成员的转录水平受多种重金属胁迫的影响很大，暗示 OsMP 家族可能在多变量应激和激素应用中发挥重要作用。

第 3 章 水稻 OsMRLK63 参与 干旱胁迫应答的分子机制

植物响应环境胁迫的机制极其复杂，RLKs 在植物逆境响应过程中扮演关键角色。典型的 RLKs 在结构上包含一个胞外的配体结合结构域、一个单次跨膜结构域和一个胞内具有催化活性的激酶结构域。胞外配体结合结构域通常与小分子配体相结合，启动两分子的 RLKs 自二聚体化或异二聚体化并交叉磷酸化，从而成为活化的 RLKs，触发下游信号传导，最终改变靶基因的表达，以此响应特异配体的信号。植物 RLKs 除了参与植物免疫反应外，还参与调节植物的生长和组织器官的发育、细胞间通讯、胁迫响应等诸多生物学过程。

人们已经鉴定了多个参与植物免疫反应的 RLKs，包括 CERK1、BAK1、FLS2、EFR 和 FER 等。当植物遭受病原菌侵染时，很多危险信号，如病原菌起源的病原相关分子模式（Pathogen-associated molecular patterns，PAMPs）、效应器（Effectors）及植物内源性损伤的相关分子模式（Damage-associated molecular patterns，DAMPs）等，能够被定位于细胞表面的 RLKs、RLPs 或二者的复合体所识别，触发植物免疫反应。研究表明，包括 CERK1、BAK1、EFR 和 FLS2 等在内的 RLKs 通过调控 ROS 释放而介导植物免疫反应。然而，尽管 RLKs 和 ROS 均为胁迫相关激素信号交叉对话中

的关键成分，且有报道发现超表达某些 RLKs，如 OsSIK1 和 OsLP2，均可降低 H_2O_2 的积累，但植株对干旱胁迫的耐性却截然相反，显示 RLKs 的功能多样，其在调控 ROS 水平方面的作用机制也不尽相同。

Rac/Rop GTPase 构成植物特有的 Rho 亚家族，参与植物体多种信号转导过程，包括防御反应、花粉管生长、根毛发育、ROS 的产生和激素响应等。水稻小 GTPase OsRac1 与来源于真菌病原体的几丁质和鞘磷脂诱导的 MTI 有关。OsRac1 可通过与 NADPH 氧化酶（Respiratory burst oxidase homolog proteins，Rbohs）的 N 末端的结构域的相互作用，或者与 ROS 清除剂 OsMT2B 相互作用来调节 ROS 的产生。此外，OsRac1 可被核苷酸结合结构域和富含亮氨酸重复序列结构域（Nucleotide-binding domain and leucine-rich repeat-containing proteins，NLR）家族的 R 蛋白 Pit 激活，是由 Pit 介导的抗稻瘟病菌免疫反应的必须成分，表明 OsRac1 同时涉及 MTI 和 ETI。Rac/Rop GTPases 在细胞内以 GDP 结合的非活性形式和 GTP 结合的活性形式穿梭存在而被调控。这两种活性形式的穿梭交替由两个调节因子所介导，即鸟嘌呤核苷酸交换因子（Guanine nucleotide exchange factors，GEFs）和 GTPase 活化蛋白（GTPase activating proteins，GAPs）。其中 GEFs 主要作用是促进与 GTPases 结合的 GDP 的释放，将 GTPases 结合的 GDP 交换为 GTP，活化的 Rac 蛋白即可与下游的靶蛋白相互作用。而 GAPs 主要是增强与 GTPases 结合的 GTP 的水解使之转化为非活性形式。

在植物中存在一个植物体特有的 Rac/RopGEFs 家族，它们含有高度保守的植物特异性 Rac/Rop 核苷酸交换因子（PRONE）型的 GEFs 活性结构域和可变的 N-和 C-末端结构域。PRONE 型的 GEFs 在植物发育中发挥重要作用。水稻中的一个 PRONE 型的 GEF OsRacGEF1 是 OsRac1 的鸟嘌呤核苷酸交换因子，可被几丁质快速激活，并且可通过与 OsCERK1 互作来调节对水稻对稻瘟病的抵抗性。

ROS 在植物细胞中有着双重的作用，低浓度时可作为信号分子参与植物发育调控和抗逆反应；高浓度时，ROS 会对植物细胞造成不同程度的氧化伤

害，最终导致细胞的死亡。胞内 ROS 的平衡主要依赖于 ROS 的产生和清除来调节。尽管植物体内 ROS 的来源很多，Rbohs 作为 ROS 产生关键酶，参与植物的整个生命周期。在植物中，很多 Rbohs 基因已经得到分离鉴定，拟南芥中鉴定到 10 个 Rbohs 基因，水稻中鉴定到 9 个 Rbohs 基因。到目前阶段，植物体所有被鉴定到的 Rbohs 都具有一个 N-末端的保守的延伸区域，该区域包含两个可以与 Ca^{2+} 结合的 EF-handmotifs。有研究发现，Rac GTPases 与 Rbohs 的 N-末端延伸区域之间存在着直接的互作关系。胞质 Ca^{2+} 浓度以一种动态的方式调节 Rac GTPases 与 Rbohs 之间的互作。此外，OsRac1 和 OsRbohB 的瞬时共同表达增强了烟草叶片中 ROS 的生成，说明直接的 Rac-Rboh 相互作用可能激活植物体内的 Rbohs，进而调节 ROS 的生成。有证据表明，RLKs 可通过 Rac/RopGEFs 积极地调控 GTPases 所在的信号通路，进而调控 ROS 的生成。在植物信号转导过程中，RLKs-Rac/RopGEFs-Rac/Rop small GTPases-Rbohs 模式已被视作核心模式。

植物中的 RLKs 种类多样，包含 Malectin/malectin-like 结构域的 RLKs 属于植物中新鉴定到的一类 RLKs。目前研究较多的含 Malectin/malectin-like 结构域的 RLKs 是 CrRLK1 Ls 家族蛋白，典型的 CrRLK1 Ls 家族蛋白都具有相似的结构域组成：Malectin-like 结构域、跨膜结构域、胞内 Ser/Thr 激酶结构域。

本研究中我们从水稻中克隆到了一个包含 Malectin-like 结构域的类受体激酶——*OsMRLK63*（LOC_09g19390 和 LOC_09g19400 实为同一个基因），并对其进行了进一步的研究。研究方向该蛋白定位于细胞质膜，在水稻孕穗期的表达量较高，其转录水平受到多种植物激素和非生物胁迫的影响。*OsMRLK63* 过表达增强了植株对干旱的耐受性，沉默表达降低了植株对干旱的耐受性。进一步的实验表明，OsMRLK63 通过与 OsRacGEF1 和 OsRbohA 相互作用，积极调控 ROS 的产生，从而促进植物的耐旱性。本研究结果为 MRLKs 蛋白参与调节植物对非生物胁迫的耐受性提供了一些新的证据。

3.1　研究材料与方法

3.1.1　研究用植物材料

野生型水稻：*Oryza.Sativa L.spp.japonica var nipponbare*。

转基因水稻：OsMRLK63-OE1、OsMRLK63-OE4、OsMRLK63-RNAi20、OsMRLK63-RNAi21。

本氏烟草：*Nicotiana benthamiana*。

3.1.2　研究用菌株

大肠杆菌：Top10、BL21。

农杆菌：EHA105、GV3101。

酵母菌株：NMY51、Y2H Gold。

3.1.3　研究用载体

基因扩增测序载体：pMD-18T。

转基因植株构建载体：pCAMBIA1301-GUS、pK19T2。

亚细胞定位载体：pCAMBIA1301-eGFP。

原核表达载体：pMAL-c2X、pET-15b。

酵母双杂交载体：pBT3-STE、pPR3-SUC、pBT3-N、pPR3-C、pGADT7、pGBKT7。

LUC 实验载体：JW771-nLUC、JW772-cLUC。

Co-IP 载体：pCAMBIA1300-cMyc、pCAMBIA1307-Flag、pCAMBIA1301-eGFP。

3.1.4 总 RNA 的提取、cDNA 的合成、目的基因的扩增、qRT-PCR

利用 TRIZOL 法提取植物中 RNA，并用去基因组的反转录试剂盒合成 cDNA 第一链，然后进行基因的扩增和 qRT-PCR 实验。水稻的 qRT-PCR 选用 *OsActin*1（基因 ID：KC140126）作为内参基因。

3.1.4.1 植物总 RNA 的提取

根据 Takara 说明书，在 −80 ℃冰箱保存的材料用液氮研磨成粉状，转入到预冷的 1.5 mL DEPC 处理过的离心管中，加入 1 mL RNAiso Plus 震荡混匀，室温放置 5 min，4 ℃，12 000 r/min 离心 15 min；转移上清至新的 1.5 mL 离心管中，加入 0.2 倍上清体积的氯仿混匀，室温静置 5 min，离心 15 min；吸取上清至新的 DEPC 处理过的离心管中；重复上述步骤；吸取上清于新的 DEPC 处理过的离心管中，加入同等体积的异丙醇轻轻混匀，室温放置 20 min 或者 −20 ℃过夜；4 ℃，12 000 r/min 离心 10 min；用 DEPC 水配置的 75% 乙醇洗沉淀两次，之后让沉淀在室温下干燥，干燥之后用 DEPC 水溶解沉淀，检测浓度并于 −80 ℃冰箱保存备用。

3.1.4.2 cDNA 的合成

RNA 的反转录利用 Takara PrimeScript™RT reagent Kitwith gDNA Eraser 试剂盒进行，首先第一步进行基因组去除，反应体系见表 3-1，于 PCR 仪 42 ℃反应 2 min 或者室温 5 min。然后进行第二步反转录反应，反应体系见表 3-2，37 ℃反应 15 min，85 ℃反应 5 s，于 −20 ℃保存备用。

表 3-1 反转录去基因组反应

组分	用量
5×gDNA 清除剂缓冲液	2 μL
gDNA 清除剂	1 μL
总 RNA	1 μg
无 RNA 酶的去离子水	最多或不超过 10 μL

表 3-2　反转录反应

组分	用量
第一步反应液	10 μL
优质延伸反转录酶混合物 Ⅰ	1 μL
反转录引物混合物	1 μL
5×优质延伸反转录酶缓冲液 Ⅱ	4 μL
无 RNA 酶的去离子水	4 μL

3.1.4.3　目的基因扩增

根据 MSU 数据库提供的序列，利用 Primer premier 5 软件设计上下游引物（OsMRLK63-F/R），在南京金斯瑞公司合成。以反转录得到的 cDNA 为模板，用 Long Taq 扩增得到基因全长。扩增体系见表 3-3。之后将混合物混匀，置于 PCR 扩增仪进行扩增，PCR 扩增程序如下：

$$94\ ℃\quad 5\ min$$
$$94\ ℃\quad 30\ s$$
$$55\ ℃\quad 1\ min\quad 36\ cycles$$
$$72\ ℃\quad 1\ min/kb$$
$$72\ ℃\quad 10\ min$$

PCR 产物进行 1%琼脂糖凝胶电泳，回收目的片段，连接到 pMD18-T，转化大肠杆菌 Top 10，挑取单克隆摇菌，进行菌液 PCR 验证。将阳性菌液送南京金斯瑞测序。测序峰图利用 Chromas 软件分析；序列采用 BioEdit 软件比对分析。保存序列完全匹配的菌液。

表 3-3　基因扩增反应

组分	用量
长片段 Taq 酶混合物	12.5 μL
增强剂	5 μL
cDNA	1 μL
正向引物	1 μL
反向引物	1 μL
去离子水	最多或不超过 25 μL

3.1.4.4　qRT-PCR 方法

实时定量 PCR 采用 SYBR Premix Ex TaqII 荧光染料在 CFX96（Bio-Rad）定量 PCR 仪上进行，实验体系见表 3-4。PCR 反应体系为 20 μL，然后用两步法进行 PCR 反应，其程序为：95 ℃，10 min；40 个循环包括 95 ℃，15 s；60 ℃，1 min；最后加溶解曲线。实验结束后确认溶解曲线是特异性单峰，每个实验三个技术重复和三个生物学重复，每个技术重复之间的 Ct 值小于 0.5，用 $2^{-\triangle\triangle Ct}$ 法对相对定量数据进行分析。

表 3-4　qRT-PCR 反应体系

组分	用量
SYBR 预混合物	10 μL
正向引物（10 μmol/L）	0.8 μL
反向引物（10 μmol/L）	0.8 μL
cDNA	2 μL
去离子水	6.4 μL

3.1.5　载体构建

利用带有测序正确的基因片段的质粒为模板，扩增目的基因；将目的基因与载体同时进行内切酶消化，电泳后切胶回收。T4 DNA 连接酶连接回收产物，于 16 ℃过夜连接，之后转化大肠杆菌感受态细胞 Top 10。待克隆长起来之后，挑取单克隆进行菌液 PCR 验证，条带大小合适的进行测序。

3.1.5.1　基因扩增

基因扩增参照上述目的基因扩增方法，电泳之后切胶回收目的基因，胶回收的操作方法参照 Omega 公司的胶回收试剂盒说明书。

3.1.5.2　目的基因和载体的酶切反应

将目的基因和相应的载体采用相同的酶切位点进行消化，酶切体系见

表 3-5，于 37 ℃反应 4 h。之后分别对质粒片段和目的基因片段进行胶回收。

表 3-5　酶消化反应体系

组分	用量
质粒/目的基因回收产物	5 μg/2 μg
10×缓冲液	5 μL
BSA	1 μL
酶 1	1 μL
酶 2	1 μL
去离子水	最多或不超过 50 μL

3.1.5.3　目的基因和载体的连接反应

将内切酶消化后的载体片段和目的基因片段进行连接（若载体片段和目的基因片段采用单酶切，则需要对载体片段进行去磷酸化反应，以防止内切酶消化后的载体片段进行自连接，造成连接反应出现过多的假阳性），连接体系见表 3-6，16 ℃过夜连接，之后转化大肠杆菌感受态细胞 Top 10。待克隆长出来之后挑取单克隆摇菌，进行菌液 PCR 验证，将阳性菌液送测序，测序完成后保存序列完全匹配的菌液。

表 3-6　连接体系

组分	用量
目的基因片段	3.5 μL
载体片段	0.5 μL
10×T4 DNA 连接酶缓冲液	0.5 μL
T4 DNA 连接酶	0.5 μL

3.1.6　亚细胞定位

选取 4 周龄的本氏烟草，用带有表达载体的农杆菌 GV3101 侵染烟草叶片，之后置于植物培养间黑暗培养 24 h，光照培养 48 h。选取一部分生长状态较好的烟草叶片酶解，制备原生质体，于激光共聚焦显微镜下观察重组蛋白的荧光信号，确定其在细胞内的定位。

3.1.6.1 载体的构建

载体构建参照上述载体构建的方法，将目的基因片段和载体用 BamH I 进行单酶切，将载体片段去磷酸化之后和目的基因片段进行连接，得到重组质粒。转化大肠杆菌感受态，挑取单克隆进行菌液 PCR 鉴定，测序，由于是单酶切连接，因此需要仔细选取测序正确且连接方向正确的克隆进行下一步实验。实验中需要构建的载体为 pCAMBIA1301-OsMRLK63-GFP。

3.1.6.2 农杆菌的转化

将测序正确的带有目的基因的载体（pCAMBIA1301-OsMRLK63-GFP 重组质粒）采用电击转化的方法转入农杆菌 GV3101 感受态细胞，挑取农杆菌单克隆进行菌液 PCR 鉴定，鉴定正确的菌落即可作为工程菌进行下一步实验。

3.1.6.3 注射烟草叶片

将含有 pCAMBIA1301-OsMRLK63-GFP 重组质粒的菌株和含有 pCAMBIA1301-AtCBL1n-mCherry 重组质粒（实验室保存，用作 PM-Marker）的菌株及 P19 单克隆进行扩大培养，收集菌体，三个新鲜菌液按 1:1:1 混合共同注射烟草叶片，注射后的烟草培养 3～4 d，即可进行观察两种重组蛋白荧光信号在细胞内的分布，确定是否为膜定位。

3.1.6.4 荧光信号的采集

根据使用需要，截取注射过农杆菌的烟草叶片，置于激光共聚焦显微镜下观察荧光信号；或者将烟草叶片进行酶解，制备成为原生质体再进行观察。进行信号采集。

3.1.7　组织特异性表达

3.1.7.1　采集样品

选取田间生长的不同生长时期的日本晴野生型水稻，分 4 个生长时期采集样品：两周苗期（Seedling stage）：根（Root）和叶（Leaves）；分蘖期（Tillering stage）：根（Roots）、倒二叶叶鞘（2nd leaf sheath）、倒二叶叶片（2nd leaf blade）和剑叶（1st leaves）；孕穗期（Booting stage）：倒二叶叶鞘（2nd leaf sheath）、倒二叶叶片（2nd leaf blade）、剑叶叶鞘（1st leaf sheath）、剑叶叶片（1st leaf blade）和幼穗（Young panicles）；抽穗期（Heading stage）：倒二叶叶鞘（2nd leaf sheath）、倒二叶叶片（2nd leaf bladə）、剑叶叶鞘（1st leaf sheath）、剑叶叶片（1st leaf blade）和开花前的穗（Panicle）。另外，我们也将愈伤（Callus）中的表达情况进行了研究。

3.1.7.2　qRT-PCR

以 *OsACTIN*（*OsActin*1，Gene ID：KC140126）作为内参，采集水稻不同生长时期的各个组织样品，抽提总 RNA 并反转录合成第一链 cDNA，以此 cDNA 为模板进行 qRT-PCR。将抽穗期的穗的转录水平设置为对照 1，生成组织特异性表达图。

3.1.8　非生物逆境胁迫及激素诱导表达模式分析

将种子 37 ℃浸种 24 h，37 ℃催芽 48 h 后用 Hoglang 溶液水培 14 d。随后进行高盐（200 mmol/L 氯化钠）、20%PGE 6000 模拟干旱、高温（40 ℃）、低温（4 ℃）等逆境胁迫处理和 50 μmol/L ABA、50 μmol/L MeJA、0.5 mmol/L SA、15 μmol/L GA 等激素处理，选取胁迫处理开始阶段 0 h、处理后 15 min、30 min、1 h、3 h、6 h、9 h、12 h、24 h 各个时间段采集水稻叶片，抽提总 RNA 并反转录合成第一链 cDNA。用 qRT-PCR 的方法分析目的基因在非生

物逆境胁迫处理前后和外源激素处理前后转录水平的变化。

3.1.9　转基因植株的获得

3.1.9.1　过表达和沉默表达目的基因的表达载体的构建

设计含有相应酶切位点的目的基因的引物,从含有正确目的基因序列的质粒上克隆 *OsMRLK*63 基因全长,与用相同内切酶酶切后的 p35S-1301 载体片段连接后转化大肠杆菌 Top 10,将阳性菌株含有的质粒送测序。测序正确的质粒转化入农杆菌 EHA105,挑取单克隆进行菌液 PCR 和质粒酶切验证,阳性即为转入含过表达目的基因的质粒的工程菌。

选取目的基因 *OsMRLK*63 的保守序列片段,分别正、反向连接在中间载体 pK19T2 上的 pKANNIBAL Intron 两端。测序后将含有两端目的片段和 pKANNIBAL Intron 的片段切下来,连接到 p35S-1301 载体,转化至大肠杆菌 Top 10,鉴定并送测序。测序正确的质粒转化 EHA105,挑几个单克隆进行菌液 PCR 和质粒酶切验证,阳性即为转入目的基因沉默表达质粒的工程菌。

3.1.9.2　水稻遗传转化和转基因植株的鉴定

(1)选取饱满的水稻种子人工去壳,挑选健康饱满的水稻种子,在超净工作台中将水稻种子置于无菌三角瓶中,75%乙醇消毒 1 min,期间适当摇晃三角瓶,一分钟后倒掉乙醇(尽量倒干净),用事先灭菌好的常温无菌水洗 2～3 次。

(2)加入 25%次氯酸钠(有效氯 2.5%)于第一步初步消毒的种子,消毒 15～20 min,期间每隔 5 min 轻轻摇晃三角瓶使得次氯酸钠充分接触水稻种子表面,结束后尽量倒干净次氯酸钠溶液,并用常温无菌水冲洗 2～3 次。

(3)将洗干净的种子置于无菌滤纸上充分吸收种子表面的水分,放入 N6D 固体培养基上,每个培养皿尽量放 30 粒水稻种子,32 ℃连续光照培养

5～6 天诱导愈伤组织。

（4）农杆菌的活化。

a. 在诱导愈伤的当天同时活化农杆菌。吸取 50 μL 的菌液转接到 3～5 mL YEP 液体培养基（含有 50 mg/L Kanamycin 和 20～50 mg/L 利福平）中，28 ℃、200 r/min 培养大约 36 h。

b. 将活化好的农杆菌菌液划线至 YEP 固体平板（含有 50 mg/L Kanamycin 和 20～50 mg/L 利福平）上，28 ℃暗培养 2 d，直到农杆菌单菌落长出。

c. 划取多个单克隆，在 500 μL YEP 液体培养基（含有 50 mg/L Kanamycin 和 20～50 mg/L 利福平）中吹打混匀，取约 100 μL 悬浮菌液均匀涂布在 AB 固体培养基（含有 50 mg/L Kanamycin 和 20～50 mg/L 利福平）平板上，28 ℃暗培养 2 d，直到农杆菌长出。

（5）杆菌与共培养。

a. 用 AAM 培养基将 AB 固体平板上的农杆菌冲洗下来，将菌液收集到 2 mL 灭过菌的离心管中。

b. 在一个灭过菌的三角瓶中倒入大约 30 mL AAM，将上述收集好的菌液加入到这 30 mL AAM 溶液中，使将菌液终浓度约为 $OD_{600}=0.1$；将调好的菌液用封口膜封住，放在摇床 70 r/min 摇动约 30 min，并静置约 30 min。

c. 用经过消毒的镊子挑选生长状态良好的愈伤组织于无菌三角瓶内，将上述菌液倒入瓶内，剧烈摇晃三角瓶约 1.5 min。

d. 充分倒掉三角瓶中菌液，将愈伤组织置于放有无菌滤纸的培养皿上吸去多余的菌液。

e. 取一张无菌的滤纸，用 AAM 充分浸湿放到共培养固体培养基表面，将上述浸染过的愈伤放在滤纸上，使愈伤组织与滤纸充分接触，25 ℃暗培养约 3 d。

（6）抗性愈伤组织的筛选。

a. 收集上述共培养后的愈伤至无菌三角瓶中，用无菌水冲洗 5 次，然后用含有 500 mg/L 的羧苄青霉素（或 400 mg/L 的头孢霉素）的无菌水浸泡

15 min（每隔 5 min 摇动一次三角瓶），重复清洗 3～4 次，最后两次不需摇晃三角瓶。

b. 倒掉三角瓶中的液体，将愈伤组织置于放有无菌滤纸的培养皿上吸去多余的菌液。将愈伤转移至选择培养基上进行第一轮筛选，筛选条件为 32 ℃连续光照 2 周左右。

c. 将第一轮筛选新长出的抗性愈伤置于新的选择培养基上，32 ℃连续光照 2 周左右。

（7）抗性愈伤组织的诱导分化和生根

a. 将抗性愈伤转移到 RE-Ⅲ分化培养基上，32 ℃连续光照一个星期。

b. 将抗性愈伤继代一次（转移到新的 RE-Ⅲ分化培养基上），32 ℃连续光照直至分化成苗。

c. 待新分化出的苗长至 3 cm 左右，将苗转移至 HF 生根培养基上诱导生根。

（8）转基因植株的鉴定和移栽。

a. 待幼苗长到瓶盖高度，开盖加入无菌水炼苗，同时剪少量叶片进行 GUS 染色鉴定。

b. 将 GUS 染色鉴定呈阳性的苗移至培养土生长。

3.1.9.3　水稻遗传转化过程中各培养基配方

1. 配置培养基用母液的配方

A：N6 大量元素的组分（20 倍）1 L

成分	含量
KNO_3	56.6 g
$CaCl_2 \cdot 2H_2O$	3.32 g
$MgSO_4 \cdot 7H_2O$	2.70 g
KH_2PO_4	8.0 g
$(NH_4)_2SO_4$	9.26 g

B：B_5 微量母液（100 倍）1 L

成分	含量
KI	0.0750 g
H_3BO_3	0.30 g
$MnSO_4 \cdot H_2O$	1.0 g
$ZnSO_4 \cdot 7H_2O$	0.2 g
$Na_2MoO_4 \cdot 2H_2O$	0.025 g
$CuSO_4 \cdot 5H_2O$	0.002 5 g
$CoCl_2 \cdot 6 h_2O$	0.002 5 g

C：B_5 有机母液（10 倍）

成分	含量
烟酸（Nicotinic acid）	1 mg/mL
盐酸吡哆醇（VB_6）	1 mg/mL
盐酸硫胺素（VB_1）	10 mg/mL
肌醇（myo-Inositol）	10 mg/mL

D：铁盐（100 倍）1 L

成分	含量
$FeSO_4 \cdot 7H_2O$	2.78 g
$Na_2EDTA \cdot 2H_2O$	3.73 g

2. 培养基配方

A：成熟胚愈伤组织诱导培养基（1 L）

N6 大量元素 50 mL	B5 微量 10 mL	铁盐 10 mL
烟酸 1 mL	盐酸吡哆醇 1 mL	盐酸硫胺素 1 mL
肌醇 10 mL	L-pro 2.8 g	蔗糖 30 g
CH 0.3 g	2,4-D 8 mL	琼脂 7.0 g
pH：5.8		

B：成熟胚愈伤组织继代培养基（1 L）

N6 大量元素 50 mL	B5 微量 10 mL	铁盐 10 mL
烟酸 1 mL	盐酸吡哆醇 1 mL	盐酸硫胺素 1 mL
肌醇 10 mL	L-Glu 0.5 g	L-pro 2.8 g
CH 0.3 g	2，4-D 8 mL	蔗糖 30 g
植物凝胶 4.0 g		
pH：5.8		

C：共培养培养基（1 L）

N6 大量元素 50 mL	B5 微量 10 mL	铁盐 10 mL
烟酸 1 mL	盐酸吡哆醇 1 mL	盐酸硫胺素 1 mL
肌醇 2 g	MES 3.9 g	蔗糖 30 g
CH 0.5 g	植物凝胶 4.0 g	
pH：5.5	55 ℃时加 As 至终浓度为 100 μmol/L	

D：选择培养基（1 L）

N6 大量元素 50 mL	B5 微量 10 mL	铁盐 10 mL
烟酸 1 mL	盐酸吡哆醇 1 mL	盐酸硫胺素 1 mL
肌醇 10 mL	L-Glu 0.5 g	L-pro 0.5 g
CH 0.3 g	2，4-D 8 mL	麦芽糖/蔗糖 30 g
植物凝胶 4.0 g	pH：5.8	

灭菌后（55 ℃）再加：

第一轮选择：	Car（羧苄青霉素）	250 mg/L
	Hgy（潮霉素）	50 mg/L
第二轮选择：	Car（羧苄青霉素）	250 mg/L
	Hgy（潮霉素）	80 mg/L
第三轮选择：	Car（羧苄青霉素）	250 mg/L
	Hgy（潮霉素）	80 mg/L

E：预分化培养基配方（1 L）

N6 大量元素 50 mL	B5 微量 10 mL	铁盐 10 mL
烟酸 1 mL	盐酸吡哆醇 1 mL	盐酸硫胺素 1 mL
肌醇 10 mL	L-Glu 0.5 g	L-pro 0.5 g
CH 0.3 g	6-BA 2 mL	NAA 0.1 mL
ABA 5 mL	蔗糖 30 g	Agar 8 g
	pH：5.8	

F：分化培养基配方（1 L）

N6 大量元素 50 mL	B5 微量 10 mL	铁盐 10 mL
烟酸 1 mL	盐酸吡哆醇 1 mL	盐酸硫胺素 1 mL
肌醇 10 mL	L-Glu0.5 g	L-pro0.5 g
CH0.3 g	6-BA3 mL	NAA 0.5 mL
蔗糖 30g	Agar 8 g	
	pH：5.8	

G：生根培养基配方（1 L）

N6 大量元素 25 mL	B5 微量 5 mL	铁盐 5 mL
烟酸 0.5 mL	盐酸吡哆醇 0.5 mL	盐酸硫胺素 0.5 mL
肌醇 5 mL	蔗糖 20 g	agar：7.0 g
	pH：5.8	

H：悬浮农杆菌感染愈伤组织团的培养基配方（AAM）1 L

AA 大量元素 100 mL	B5 微量 10 mL	铁盐 10 mL
烟酸 1 mL	盐酸吡哆醇 1 mL	盐酸硫胺素 1 mL
肌醇 10 mL	MES3.9 g	CH0.5 g
麦芽糖 30g	As 至 100 μmol/L	
	pH：5.5	

I：激素的配制

激素	溶解方法	母液浓度
6-BA	加稀碱溶解（1 M NaOH），再用蒸馏水定容	1 mg/mL
NAA	加碱溶解（1 M NaOH），再用蒸馏水定容	1 mg/mL
2，4-D	加少量酒精溶解，再用蒸馏水定容	1 mg/mL

3.1.10 酵母双杂交

3.1.10.1 载体构建

载体构建方法同上，构建的载体包括：pPR3-SUC-OsRacGEF1、pPR3-SUC-OsMRLK63、pBT3-STE-OsMRLK63、pPR3-C-OsMRLK63、pBT3-N-OsRbohA、pGADT7-OsRbohA-ND、pBT3-STE-OsRacGEF1、pPR3-SUC-OsMRLK63-KD、pGBKT7-OsMRLK63-KD、pGADT7-OsRacGEF1（PRONE）。

3.1.10.2 酵母转化

将 pPR3-SUC-OsRacGEF1 和 pBT3-STE-OsMRLK63 重组质粒共同转化酵母感受态细胞 NMY51；pPR3-C-OsMRLK63 和 pBT3-N-OsRbohA 重组质粒共同转化酵母感受态细胞 NMY51；pPR3-SUC-OsMRLK63、pBT3-STE-OsMRLK63 重组质粒共同转化酵母感受态细胞 NMY51；pBT3-STE-OsRacGEF1 和 pPR3-SUC-OsMRLK63-KD 重组质粒共同转化酵母感受态细胞 NMY51；pGADT7-OsRacGEF1（PRONE）和 pGBKT7-OsMRLK63-KD 重组质粒共同转化酵母感受态细胞 Y2H Gold；pGADT7-OsRbohA-ND 和 pGBKT7-OsMRLK63-KD 重组质粒共同转化酵母感受态细胞 Y2H Gold。

3.1.11 LCI 实验

3.1.11.1 载体构建

载体构建方法参照 2.2，构建的载体包括：JW771-cLUC-OsMRLK63、

JW772-cLUC-OsMRLK63、JW772-nLUC-OsRacGEF1、JW772-nLUC-OsRbohA、JW772-nLUC-OsRbohB、JW772-nLUC-OsRbohC。

3.1.11.2　农杆菌的转化

将含有重组质粒 JW771-cLUC-OsMRLK63 和重组质粒 JW772-nLUC-OsRacGEF1 的农杆菌 GV3101 以及 P19 三个新鲜菌液按 1:1:1 混合后共同注射烟草叶片，培养后用于观察 OsRacGEF1 和 OsMRLK63 的互作；将含有重组质粒 JW771-cLUC-OsMRLK63 和重组质粒 JW772-nLUC-OsRbohA/JW772-nLUC-OsRbohB/JW772-nLUC-OsRbohC 的农杆菌 GV3101 以及 P19 三个新鲜菌液按 1:1:1 混合后共同注射烟草叶片，培养后用于观察 OsRbohA/OsRbohB/OsRbohC 和 OsMRLK63 的互作。将含有重组质粒 JW771-cLUC-OsMRLK63 和重组质粒 JW772-nLUC-OsMRLK63 的农杆菌 GV3101 以及 P19 三个新鲜菌液按 1:1:1 混合后共同注射烟草叶片，培养后用于观察 OsMRLK63 的二聚体化作用。注射后培养时间与两个蛋白的表达情况与互作强度有关，一般为 3～5 d。

3.1.11.3　互作检测

将用于实验的注射过农杆菌 3～5 d 的烟草叶片剪下来置于琼脂板上，在其背面涂抹萤火虫萤光素酶的底物 D-Luciferin，用植物活体分子标记成像系统 Lumazone Pylon 2048B 观测结果。

3.1.12　Pull-down 实验

3.1.12.1　载体的构建

载体构建方法同上，构建的载体包括：pMAL-c2X-OsRacGEF1、pMAL-c2X-OsRbohA-ND（带有 MBP 标签）和 pET-15b-OsMRLK63-KD。

3.1.12.2 蛋白质的原核表达、Western Blot 步骤和蛋白纯化

1. 原核表达步骤

A. 将测序正确的载体质粒转化到原核表达菌株 BL21 里面，并进行 PCR 和酶切验证。

B. 将验证正确的菌接种含有 5 mL LB 液体培养基的试管里面，氨苄青霉素的浓度为 100 mg/L，200 r/min 振荡培养过夜。

C. 次日以 1:50 的比例接种于 100 mL Rich medium＋glucose 培养基（含有 100 mg/L 氨苄青霉素）中，37 ℃，200 r/min，震荡培养。

D. 当 OD＝0.5 左右时，取 1 mL 作为对照样品（样品 1），剩余的培养基里面加入 IPTG，使其终浓度为 0.3 mmol/L，28 ℃，160 r/min 震荡培养 4 h。

E. 4 ℃，4 000 r/min，5 min 离心收菌，沉淀用 25 mL column buffer/Tris buffer 悬浮，菌液冷冻于 −20 ℃过夜。

F. 将冷冻在 −20 ℃冰箱中的菌液放在室温解冻，解冻后进行超声破碎，直至菌液接近透明。

G. 超声破碎后的蛋白液，取 160 μL 作为诱导后的总蛋白，取 1 mL 蛋白液，4 ℃，12 000 r/min 离心 5 min，离心完成后，吸取 160 μL 上清作为上清样，弃掉多余上清，剩余沉淀用 1 mL column buffer/Tris buffer 悬浮，吸取 160 μL 作为沉淀样，三个样品中均加入 40 μL 5×SDS-PAGE loading buffer。

H. 将四个样品置于沸水浴中变性 10 min。

I. 对样品进行 SDS-PAGE 凝胶电泳，检测各个样品中的蛋白表达情况。

2. Western Blot 步骤

A. 利用考马斯亮蓝 G-250 法测定样品浓度，将样品浓度稀释到 40～60 μg/μL，加入 5×SDS-PAGE loading buffer，煮沸变性，上样，进行蛋白电泳。

B. 溴酚蓝到达底部时停止电泳，蛋白胶用 ddH₂O 洗三次，每次 5 min，再用转膜液清洗 2 遍，其间将转膜夹、滤纸和海绵用预冷的转膜液浸泡，PVDF 膜用甲醇浸泡 5 min。

C. 依据"三明治"模型进行转膜，200 mA 转膜 2 h。

D. 转膜完成后，取出 PVDF 膜，将膜置于 TBST 中清洗三次，每次 10 min。

E. 清洗完毕后将膜放入预先配制好的脱脂牛奶中封闭 2 h，封闭结束后，用 TBST 清洗三次，每次 10 min。

F. 清洗完毕后将膜放入第一抗体孵育盒中 4 ℃缓慢摇动孵育过夜；（如果要检测诱饵蛋白 A 的表达情况，则用诱饵蛋白 A 所连接的标签的抗体；如果要检测与诱饵蛋互作的蛋白 B 的存在情况，则用预测的互作蛋白 B 所连接的标签的抗体）。

G. 孵育结束后用 TBST 清洗三次，清洗完后将膜放入第二抗体孵育盒中（第二抗体的选择根据第一抗体的来源进行决定），在水平摇床上缓慢摇动 2 h。

H. 孵育完第二抗体的 PVDF 膜用 TBST 清洗三次，用 TBS 清洗两次。

I. 显影。

3. 蛋白纯化过程

A. 将超声破碎后的蛋白上清液用 0.45 μm 的滤膜过滤，去除杂质。

B. 将过滤后的上清液移入装有 beads 的层析柱中，使其自然过滤。层析柱中的 beads 根据所纯化的蛋白标签而决定：纯化带有 MBP 标签的蛋白用 Amylose Resin beads，纯化带有 HIS 标签的蛋白用镍柱。

C. 用 5 倍柱体积的与纯化蛋白相应的 buffer 清洗 beads。

D. 用 1～5 mL 的 Elution buffer 进行洗脱，即为纯化所得蛋白，加甘油后储存于 −80 ℃备用。

E. 若蛋白浓度过低，不符合实验条件，则用超滤离心管进行浓缩。

F. 树脂回收：按照以下步骤清洗树脂：3 倍层析柱体积的去离子水、3

倍层析柱体积的 0.1%SDS、1 倍层析柱体积的去离子水、3 倍层析柱体积的缓冲液（依据标签选择）。树脂可以反复使用 4～5 次。

3.1.12.3   Pull-down 实验

（1）将纯化后的诱饵蛋白 A 和预测的互作蛋白 B 各取 2 mL，加入 400 μL 用 Column Buffer 清洗过的 Amylose Resin beads 于 4 ℃缓慢摇动孵育过夜。

（2）将过夜孵育的混合物转移至装有 4 mL Amylose Resin beads 的层析柱内，使其自然过滤。

（3）加入 10 mL 的 Column Buffer 清洗 4～5 遍。

（4）最后用 1～5 mL 含有 10 mmol/L 麦芽糖的 Column Buffer 进行洗脱。

（5）将洗脱液用超滤管进行浓缩，使体积浓缩至 100 μL 左右。

（6）将蛋白进行 SDS-PAGE 凝胶电泳，之后转膜、进行 Western Blot，对诱饵蛋白和互作蛋白的信号进行检测。

3.1.13   蛋白磷酸化分析

3.1.13.1   载体构建、蛋白纯化

所用蛋白与 Pull-down 实验中的蛋白一致，载体构建和蛋白纯化方法均与上述方法相同。

3.1.13.2   Phos-tag 检测蛋白质的磷酸化

（1）将纯化的激酶 A、底物蛋白 B、Buffer 和 ATP 按照表 3-7 所显示的加样比例进行混合。

（2）置于 PCR 仪中或水浴 37 ℃反应 30 min。

（3）加入 5× 的 SDS loading buffer 煮沸 5 min 后，进行 SDS-PAGE 凝胶（含 50 μmol/L Phos-tag）电泳。含 50 μmol/L Phos-tag SDS-PAGE 凝胶的配置参照 Phos-tag 使用说明书进行配置。

（4）之后进行 Western Blot。

表 3-7　蛋白磷酸化反应体系

组分	用量
10×反应缓冲液	3 μL
激酶	0.6 μg
底物蛋白	3 μg
ATP	3 μL
去离子水	最多或不超过 30 μL

3.1.13.3　Anti-Thr 抗体检测蛋白质的磷酸化

磷酸化方法同上，在进行 Western Blot 时所用的第一抗体为 Anti-Thr 抗体，第二抗体的选择根据第一抗体的来源进行决定。

3.1.14　Co-IP 实验

3.1.14.1　载体构建

载体构建方法参照 2.2，构建的载体包括：pCAMBIA1301-OsRbohA-ND-eGFP、pCAMBIA1307-OsMRLK63-KD-Flag[①]和 pCAMBIA1300-OsRacGEF1-cMyc[②]。

3.1.14.2　农杆菌的转化及烟草叶片的注射

农杆菌的转化参照上述实验方法。

在注射烟草叶片时，将含有 pCAMBIA1301-OsRbohA-ND-eGFP 重组质粒的菌株和含有 pCAMBIA1307-OsMRLK63-KD-Flag 重组质粒的菌株以及 P19 三个新鲜菌液按 1:1:1 混合后共同注射烟草叶片，以便检测 OsRbohA-ND

---

① 空载体由西北农林科技大学张振乾老师赠予。

② 空载体由西北农林科技大学张振乾老师赠予。

和 OsMRLK63-KD 的互作；将含有 pCAMBIA1300-OsRacGEF1-cMyc 重组质粒的菌株和含有 pCAMBIA1307-OsMRLK63-KD-Flag 重组质粒的菌株以及 P19 三个新鲜菌液按 1:1:1 混合后共同注射烟草叶片，以便检测 OsRacGEF1 和 OsMRLK63-KD 的互作。注射后的烟草培养 3～4 d，即可进行样品的采集。

3.1.14.3　Co-IP 实验

（1）称取 0.5 g 烟草叶片，液氮研磨后加入 1.25 mL 的提取液，混匀，冰上放置 1 h，放置期间每隔 10 r/min 离 min 瞬时涡旋一次。

（2）混合物于 4 ℃，13 000 r/min 离心 20 min。

（3）将上清转移至新的离心管中，取出 200 μL 作为 input，往剩余的上清中加入 20 μL 的 protein A/G plus agarose beads，4 ℃摇床缓慢摇动 1 h。

（4）混合物于 4 ℃，1 000 r/min 离心 1 min，弃沉淀，将上清转移至新的离心管中。

（5）加入 30 μL GFP/cMyc-antibody-band agarose beads，4 ℃摇床缓慢摇动 2 h。

（6）4 ℃，500 r/min 离心 2 min，小心移除上清。

（7）用 0.5～1 mL 的蛋白提取液清洗 GFP/cMyc-antibody-band agarose beads 2～3 次。

（8）加入 50 μL 的 SDS loading buffer 煮沸 5 min，瞬时离心后进行 SDS-PAGE 凝胶电泳（跑两块胶）。之后进行 Western Blot，检测两个互作蛋白信号。

3.1.15　植物材料的种植、农艺形状的获得和干旱胁迫处理

3.1.15.1　水培材料的培养

选取水稻野生型种子在 37℃下萌芽四天后，移入 1/2 霍格兰营养液中，（26±1）℃的温度下，16 h 光照和 8 h 黑暗交替培养。水稻培养两周后的幼

苗进行以下不同的处理：低温（4 ℃）、高温（水稻 40 ℃）、盐胁迫（200 mmol/L NaCl）、水分胁迫（20%PEG 6000）、氧化胁迫（15 mmol/L MV）以及激素（100 mmol/L MeJA、50 mmol/L GA、500 mmol/L SA 和 100 mmol/L ABA）处理，所有的处理采样时间均为 0 h、0.25 h、0.5 h、1 h、3 h、6 h、9 h、12 h、24 h，其中盐胁迫和水分胁迫通过在营养液中加入 NaCl 和 PEG6000 进行处理，而氧化胁迫和激素处理是采取在幼苗叶片表面喷洒的方式进行。

3.1.15.2　土培材料的培养与干旱处理

植物种子水培至第四片叶子完全展开后，每个株系的幼苗均移入两个装有水稻土的盆底有孔的黑色塑料盆中（一盆作为对照，一盆作为处理组），实验中所有的盆盛放相同重量的土，再把所有的黑色塑料盒放入大盆里，每天往大盆里浇灌足够量的水量，置于田间让其自然生长。一月之后进行拍照记录表型。随后将实验中作为对照组幼苗继续浇水，将作为处理组幼苗开始不浇水，待叶片全卷干瘪但茎部仍有生命迹象时拍照并采样。之后进行复水。用于观察表型的实验在干旱 4～7 d（依据天气而定），等到叶片严重失水呈现半枯萎状态时开始复水，复水 2 周之后进行存活率的统计，处理前、复水前后均需采集图像。

3.1.15.3　农艺形状的采集

幼苗长至第四片叶子完全展开，移入装有混有农家肥的土的桶中，每桶 5 株水稻苗，置于田间让其自然生长，每天对其浇灌足够量的水量。待其生长至成熟期，即可进行农艺形状的采集。

3.1.16　ROS 含量的检测和定量测定

3.1.16.1　ROS 含量的检测

实验材料培养和处理时间均与上述方法相同，我们选择至少 10 棵幼苗

将根部剪下，切口朝下分别插入含有 0.1%DAB 的 10 mmol/L MES 缓冲液（pH 6.5）和 0.1%的 NBT 的 50 mmol/L 磷酸缓冲液（pH 6.4）中，之后室温避光放置 12 h，然后在强光下照射叶片直至叶片出现褐色斑点（H_2O_2）和蓝色沉淀（O^{2-}），染色结束后将叶片放入 95%乙醇中脱色并照相。

3.1.16.2 ROS 含量的定量测定

过氧化氢（H_2O_2）含量测定参照索莱宝 H_2O_2 含量检测试剂盒说明书进行。

超氧阴离子（O^{2-}）含量测定方法和标准曲线一致，只是在检测孔中用样品代替标准液。根据 O^{2-} 可以还原 XTT，取实验材料 0.2 g，加 2 mL 提取液（50 mmol/L Tris-HCL, pH 7.5）研磨成匀浆，4 ℃，10 000 rpm 离心 10 min，然后把上清液移入新的 2 mL 离心管中并用于测定 O^{2-}。测定方法如下：1 mL 含 0.5 mmol/L XTT 的 Tris-HCL（pH 7.5）检测液，加入 200 µL 上清液，然后加入 NADPH 使其终浓度为 100 µmol/L，470 nm 下扫描 240 s，选取动力学上升最快的时间段所对应的吸光值来计算 O^{2-} 含量。空白对照用 50 单位的 SOD 代替 NADPH。

3.1.17 RNA-seq

该实验材料选取生长于西北农林科技大学试验田的处于分蘖期的 WT 和 OsMRLK63-RNAi20 的水稻叶片，交由第三方机构代为完成。

3.1.18 数据分析

数据进行了方差分析。使用 SPSS 11.5 软件包（SPSS，Chicago，IL，USA）在 5%水平上，通过最小显著性差异（LSD）测试比较所有处理三次重复的平均值和标准差。图标生成使用 Origin 7.5 软件进行。

3.2　OsMRLK63 基因的克隆及表达谱分析

3.2.1　OsMRLK63 基因的克隆、结构域分析及序列同源性分析

我们扩增到了 *OsMRLK*63 的 ORF 序列，该序列全长 2 526 bp。该序列实际上由数据库中的 LOC_09g19390 和 LOC_09g19400 两个基因组成，可能由于水稻全基因组测序数据处理的小失误，数据库中将这个基因分为两个基因报道。最近 NCBI 上有关这个基因（XP_025876278）的报道进一步证实了我们的结论，NCBI 数据库中有关 LOC_09g19390 和 LOC_0 9g19400 的序列信息确实存在一些失误，XP_025876278 的序列确实由 LOC_09g19390 和 LOC_09g19400 两个基因组成。该序列可编码 841 个氨基酸。对该氨基酸序列进行分析，我们发现 OsMRLK63 蛋白的相对分子质量为 93.36382 kD，等电点为 5.95，属于酸性氨基酸。

我们通过 SMART 软件对其蛋白质的结构域进行分析，发现 OsMRLK63 可能是一个典型的含有 Malectin/malectin-like 结构域的类受体激酶，含有一个 N-末端的信号肽、一个位于胞外的可与碳水化合物结合的 Malectin-like 结构域、一个跨膜结构域以及一个位于胞内的具有催化活性的 Ser/Thr 激酶结构域（图 3-1）。

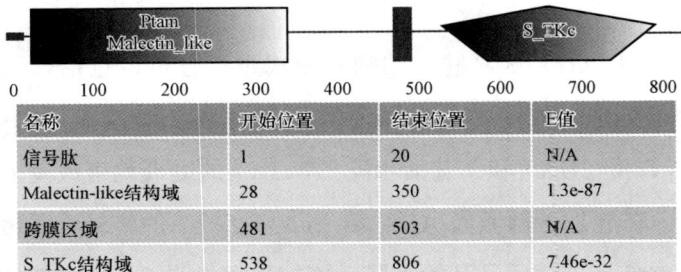

名称	开始位置	结束位置	E值
信号肽	1	20	N/A
Malectin-like结构域	28	350	1.3e-87
跨膜区域	481	503	N/A
S_TKc结构域	538	806	7.46e-32

图 3-1　OsMRLK63 的结构域示意图

为了进一步确定 OsMRLK63 是一个典型的含有 Malectin/malectin-like 结构域的类受体激酶，我们将 OsMRLK63 的氨基酸序列与一些已知的含有 Malectin/malectin-like 结构域的类受体激酶 OsCrRLK1 L12、FER、ANX1 和 THE1 的氨基酸序列通过 DNAMAN 软件进行了序列比对，结果如图 3-2 所示，这些蛋白都具有典型的信号肽、Malectin-like 结构域、跨膜结构域和胞内的 Ser/Thr 激酶结构域，且这些蛋白在激酶结构域区段具有极高的系列相似性，说明 OsMRLK63 极有可能是一个典型的含有 Malectin/malectin-like 结构域的类受体激酶。

3.2.2 OsMRLK63 基因的组织特异性表达模式

根据数据库提供的序列，设计 qPT-RCR 引物，通过 qPT-RCR 方法检测 OsMRLK63 在水稻不同发育阶段的各个组织中的转录水平。如图 3-3 所示，在水稻整个生命周期中 OsMRLK63 几乎都有表达，即在幼苗期、分蘖期、孕穗期和抽穗期均可检测到 OsMRLK63 的转录。但是在水稻整个生命周期的不同阶段的不同组织器官中 OsMRLK63 的转录水平存在着较大差异，例如 OsMRLK63 在愈伤、幼穗和受精之前的穗中的表达量均相对较低，但在各个时期的叶片中的表达量却相对较高，相对于其他组织，OsMRLK63 在分蘖期和孕穗期的叶片中的表达量非常高。由此可见，OsMRLK63 在水稻生长和组织器官发育过程中可能起一定作用。

3.2.3 OsMRLK63 基因的胁迫诱导表达模式

进一步对 OsMRLK63 对胁迫的响应模式进行分析，包括外源激素处理和非生物胁迫处理。如图 3-4A 所示，外源激素例如脱落酸（ABA）、水杨酸（SA）、赤霉素（GA）和茉莉酸甲酯（MeJA）的处理均可改变 OsMRLK63 的转录表达。在施加外源激素 ABA 后，OsMRLK63 的转录水平缓慢提高，在 6 h 时达到最高，随后又开始下降。施加外源激素 SA 也可使 OsMRLK63 的转录水平得以提高，在处理 12 h 后 OsMRLK63 转录水平却急速上升，达

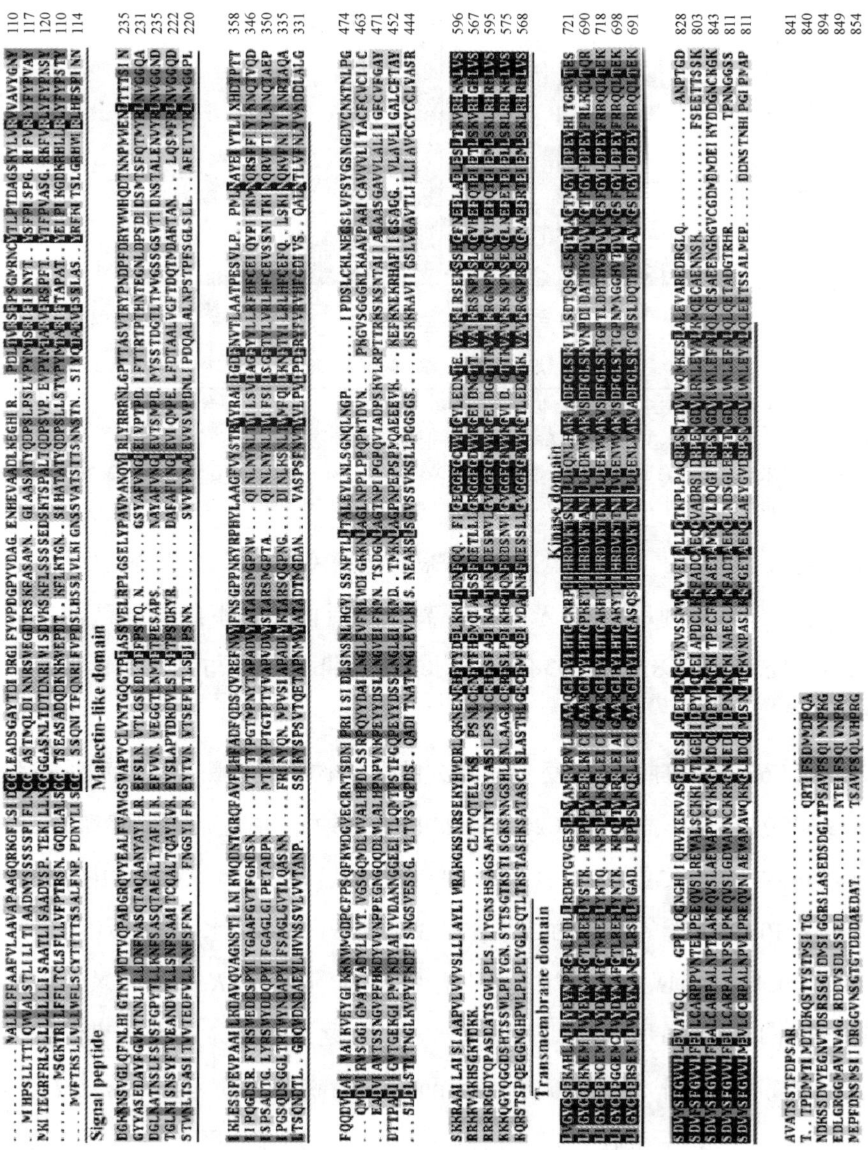

Signal peptide

Malectin-like domain

Transmembrane domain

kinase domain

Row labels (repeated for each alignment block):
OsMRLK63
OsCrRLK1L12
FER
ANX1
THE1

图 3-2　OsMRLK63 与其他 CrRLK1 Ls 的序列对比图

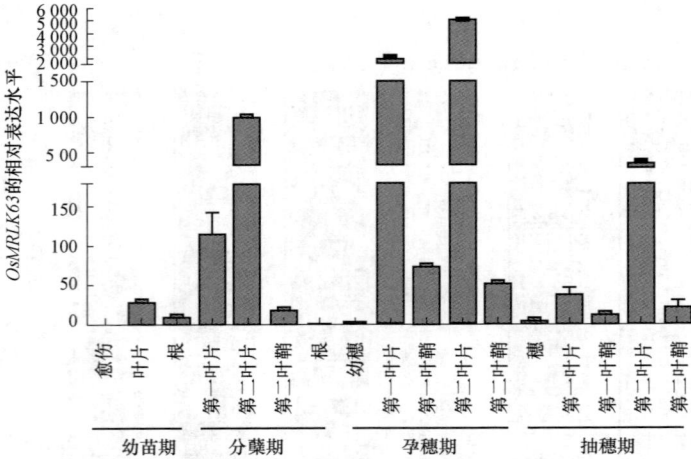

图 3-3   *OsMRLK*63 在不同组织中的表达模式

在不同发育阶段采集样本，通过 qRT-PCR 进行分析，*X* 轴表示组织，*Y* 轴表示各组织中 *OsMRLK*63 的相对表达水平。误差条表示三个独立的 qRT-PCR 生物学重复的标准差

到 25 倍之多。在施加外源激素 GA 后，*OsMRLK*63 的转录水平变化与 ABA 处理之后有一定的相似性，显示缓慢升高，随后再缓慢下降。但是在外源激素 MeJA 处理后，*OsMRLK*63 的转录水平出现下降，这与其他激素处理后不同。

　　*OsMRLK*63 基因的表达也受到一系列的非生物胁迫的影响，例如渗透胁迫（PEG 6000 20%），盐胁迫（200 mmol/L 氯化钠），氧化应激（甲基紫精，MV，15 μmol/L）、低温胁迫（4 ℃）和高温胁迫（40 ℃）。结果如图 3-4B 所示，在由 PEG 引起的渗透胁迫下，*OsMRLK*63 的转录水平一开始出现下降，但在 12 h 时却出现急剧的增高。在盐胁迫下，*OsMRLK*63 的转录水平一开始也出现下降，但在 6 h 时却开始上升，并在之后的几个小时一直维持在相对稳定的较高的水平，在 24 h 时又降至低水平。在高温胁迫后，*OsMRLK*63 的转录水平与盐胁迫后存在一定的相似性，表现为先降低后升高。在氧化应激下，*OsMRLK*63 的转录水平在 15 min 内迅速升高，在 1 h 内一直维持在高水平，随后在 3 h 时下降至接近于处理前的水平，在随后的一段时间内，*OsMRLK*63 的转录水平持续处于波动状态。但是在低温胁迫后，*OsMRLK*63 的转录水平却急剧下降，且一直处于低水平状态。

(A)

(B)

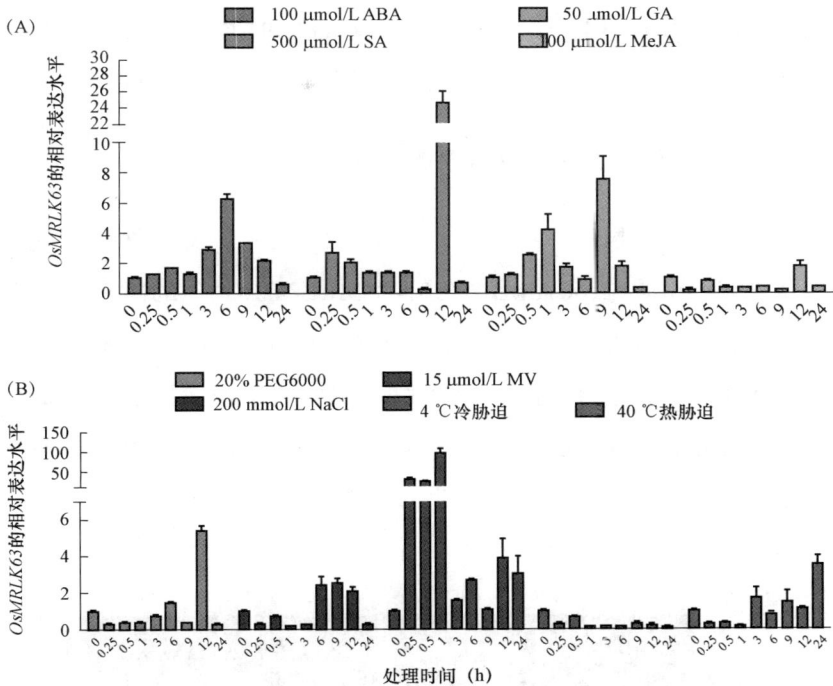

处理时间 (h)

图 3-4　*OsMRLK63* 响应外源激素处理和非生物胁迫的转录模式分析

（A）外源激素处理后 *OsMRLK63* 的转录模式；（B）在非生物胁迫下 *OsMRLK63* 的转录模式

采用 qRT-PCR 技术分析了不同激素处理和非生物胁迫下 *OsMRLK63* 的相对表达水平，包括 ABA（100 μmol/L），SA（500 μmol/L），GA（50 μmol/L），MeJA（100 μmol/L）和脱水（20%PEG6000），盐胁迫（200 mmol/L NaCl），氧化胁迫（15 μmol/L MV），冷害（4 ℃），热害（40 ℃），采用两周龄幼苗进行处理。X 轴表示不同的处理，Y 轴为各个处理时间点 *OsMRLK63* 的相对表达水平，误差条为三个独立的 qRT-PCR 生物学重复的标准差。小写字母（a～e）表示差异显著（$p < 0.05$）

综合以上结果，我们认为 *OsMRLK63* 在可能水稻生长和组织器官发育过程中起一定作用，同时 *OsMRLK63* 可能参与植物体内的多种激素信号通路，同时也可能参与植物对非生物胁迫的应激响应途径。

3.3　OsMRLK63 的亚细胞定位及激酶特性分析

根据我们对 OsMRLK63 蛋白质结构域的预测及序列比对结果，说明 OsMRLK63 是一个典型的包含 Malectin-like 结构域的类受体激酶，由于大部

分典型的类受体激酶都位于细胞膜上，加上 OsMRLK63 含有一个跨膜结构域，因此我们推测 OsMRLK63 是一个跨膜蛋白，定位于细胞膜上。

3.3.1　OsMRLK63 的亚细胞定位分析

为了验证我们的推测，我们对 OsMRLK63 的亚细胞定位进行了分析。我们将携带有重组质粒 pCAMBIA1301-OsMRLK63-GFP 的菌株和携带有质膜定位 Marker-AtCBL1n 的重组质粒 pCAMBIA1301-AtCBL1n-mCherry 的菌株，以及 P19 这三个新鲜的菌液共同注射烟草叶片，培养之后进行观察，发现重组蛋白 OsMRLK63-GFP 和重组蛋白 AtCBL1n-mCherry 的荧光信号在质膜处能够很好地重合（图 3-5），说明 OsMRLK63 与大多数类受体激酶一样定位于细胞的质膜上。

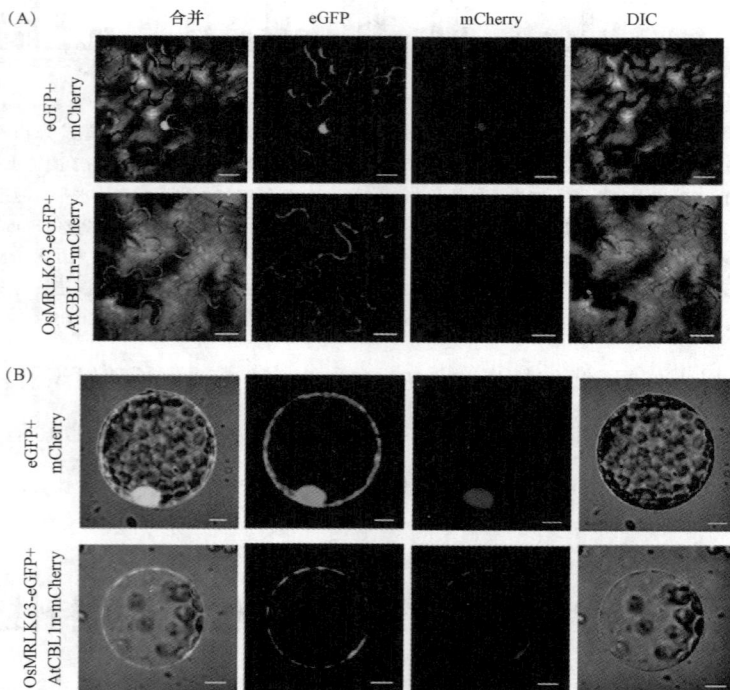

图 3-5　OsMRLK63 的亚细胞定位分析

（A）烟草叶片观察结果；（B）烟草叶片原生质体观察结果 Bars＝10 μm

利用烟草原生质体瞬态转化系统分析了 OsMRLK63 的亚细胞定位。

AtCBL1n-mCherry 作为质膜定位蛋白的标记物

3.3.2　OsMRLK63 的激酶特性分析

由于我们已经证实 OsMRLK63 是一个典型的含有 Malectin/malectin-like 结构域的类受体激酶，而植物体内的 RLKs 在响应生物和非生物胁迫时多数以同源二聚体或者异源二聚体的形式来起作用。例如，拟南芥响应生物胁迫的过程中，在细菌的鞭毛蛋白诱导的免疫反应中，在不存在 flg22 的情况下，FLS2 形成同二聚体，当感知到 flg22 时，FLS2 迅速与另一个 LRR-RLK BAK1 形成复合体。在几丁质诱导的免疫反应中，几丁质可诱导 AtCERK1 形成同源二聚体，而 AtCERK1 同源二聚体的形成是下游信号成分活化所必需的。因此我们推测 OsMRLK63 在免疫反应中可能也以同源二聚体或异源二聚体的方式发挥作用。我们用 LCI 和分裂泛素酵母双杂交实验检测 OsMRLK63 是否可以形成同源二聚体，结果如图 3-6A、图 3-6B 所示，OsMRLK63 在体内可以形成同源二聚体。由于 OsMRLK63 可能是类受体激酶，我们考虑到 OsMRLK63 可能会发生自体磷酸化作用，使自身得以活化，因此我们用 Phos-tag SDS PAGE 和 Thr 抗体同时检测了 OsMRLK63 的自体磷酸化作用，结果如（图 3-6C）显示，OsMRLK63 具有激酶活性，可以发生自体磷酸化

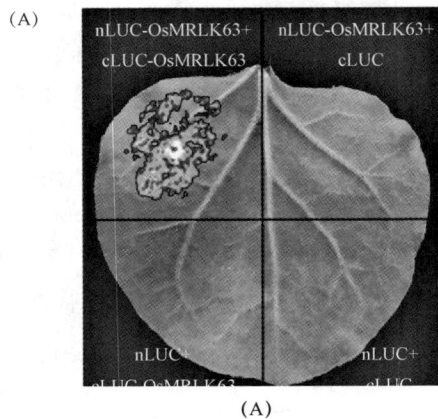

(A)

(A)

图 3-6　OsMRLK63 可以形成二聚体并且发生自体磷酸化

（A）LCI 实验，检测 OsMRLK63 与自身的互作

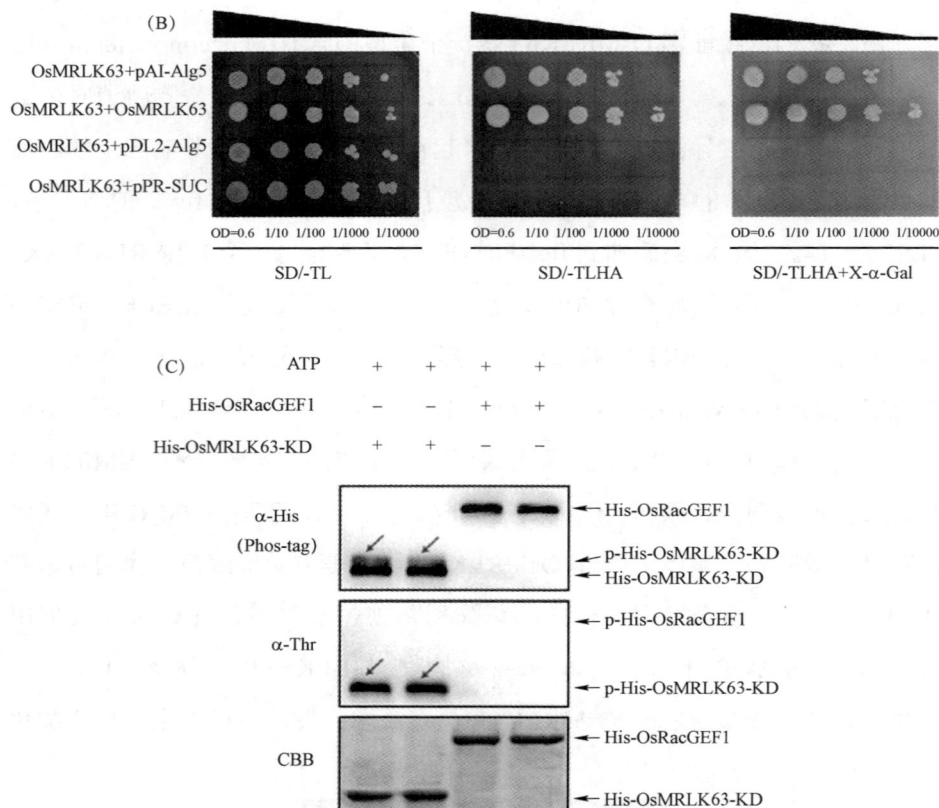

图 3-6　OsMRLK63 可以形成二聚体并且发生自体磷酸化（续）

（B）分裂泛素酵母双杂交实验，检测 OsMRLK63 与自身的互作；

（C）OsMRLK63 的自体磷酸化作用

作用。由此我们推测，在胁迫响应时，OsMRLK63 可能以同源二聚体的形式来行使其功能，并且可以发生自体磷酸化作用，进而使自身得以活化，有活性的 OsMRLK63 进一步磷酸化下游信号组分，进而调节植物的生长及对逆境胁迫的耐受性。OsMRLK63 在响应逆境胁迫的过程中是否会形成异源二聚体，以及哪些类受体蛋白或类受体激酶可与其形成异源二聚体目前尚不清楚，相关的研究探索还在进行中。

3.4　OsMRLK63 的表达影响植物的生长和产量

3.4.1　OsMRLK63 转基因株系的创制及鉴定

通过遗传转化的方法共获得待鉴定的 14 个过表达（Over Expression，OE）*OsMRLK*63 的转基因幼苗（OsMRLK63-OE）和 23 个沉默表达（RNA interference，RNAi）*OsMRLK*63 的转基因幼苗（OsMRLK63-RNAi）。用 GUS 染色方法对这些转基因幼苗进行初步鉴定，得到 11 个 OsMRLK63-OE 的转基因幼苗和 16 个 OsMRLK63-RNAi 的转基因幼苗。对 GUS 染色呈现阳性的植株用 qRT-PCR 方法进行进一步的鉴定，得到 5 个 OsMRLK63-OE 的转基因幼苗和 6 个 OsMRLK63-OE 的转基因幼苗，我们挑选过表达或 RNAi 效果比较好的株系种植于田间，逐年种植时都进行鉴定，到 T2 代时确定了 2 个稳定遗传的 OsMRLK63-OE 株系和 2 个稳定遗传的 OsMRLK63-RNAi 株系，我们将 2 个 OsMRLK63-OE 株系分别命名为：OsMRLK63-OE1 和 OsMRLK63-OE4，将 2 个稳定遗传的 OsMRLK63-RNAi 株系分别命名为 OsMRLK63-RNAi20 和 OsMRLK63-RNAi21，如图 3-7A、图 3-7C 所示。

3.4.2　OsMRLK63 转基因株系的农艺性状分析

对生长于田间的日本晴野生型和 *OsMRLK*63 的转基因的 T2 代株系 OsMRLK63-OE1、OsMRLK63-OE4、OsMRLK63-RNAi21 和 OsMRLK63-RNAi22 的农艺性状进行了分析。结果如图 3-7A 所示：相对于 WT 而言，*OsMRLK*63 的过表达转基因株系 OsMRLK63-OE1 和 OsMRLK63-OE4 的株高有些许的低，但 *OsMRLK*63 的 RNAi 的转基因株系 OsMRLK63-RNAi21 和 OsMRLK63-RNAi22 的株高却极大地降低，呈现侏儒表型（图 3-7D）。OsMRLK63-OE1 和 OsMRLK63-OE4 的分蘖数相对于 WT 而言没有差异，但

是 OsMRLK63-RNAi21 和 OsMRLK63-RNAi22 的分蘖数却稍微有些增多（图 3-7E）。各个株系之间的结实率几乎没有差别（图 3-7F），但相对于野生型而言，*OsMRLK63* 的 RNAi 的转基因株系 OsMRLK63-RNAi21 和 OsMRLK63-RNAi22 的千粒重（图 3-7G）、穗长（图 3-7H）、穗重（图 3-7J）、每一穗上的种子数（图 3-7K）以及穗子的枝梗数目（图 3-7I）都有所下降，对各个转基因株系的田间生长表型的统计详见图 3-7。

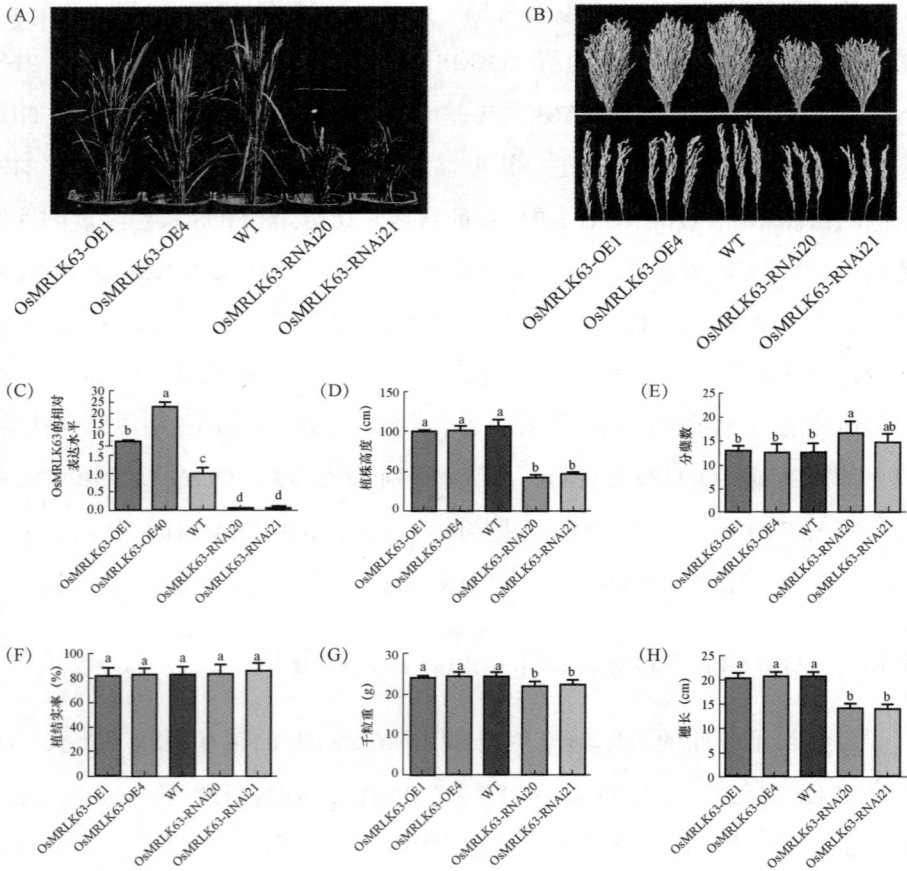

图 3-7　*OsMRLK63* 转基因植物的形态特征及其农艺性状统计。

（A）野生型（WT，*cv.Nipponbare*）和 *OsMRLK63* 过表达（OE）植株或 RNA 干扰（RNAi）转基因沉默植株的总体形态学特征。（B）不同株系的穗子的形态，上图为 20 个穗子捆绑在一起的形态。（C）不同株系中 *OsMRLK63* 的转录水平。（D）抽穗期植株高度。（E）不同株系分蘖数。（F-H）WT 与 *OsMRLK63* 转基因植株产量相关参数。在农艺性状测定方面，至少用了 20 株植物进行了计算。用不同字母标注的条形图表示的值根据单因素方差分析有显著差异（*p*≤0.05）

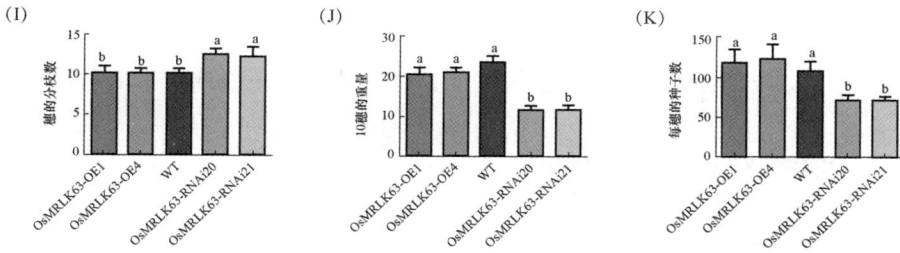

图 3-7　*OsMRLK63* 转基因植物的形态特征及其农艺性状统计。（续）

（I-K）WT 与 *OsMRLK63* 转基因植株产量相关参数。在农艺性状测定方面，至少用了 20 株植物进行了计算。用不同字母标注的条形图表示的值根据单因素方差分析有显著差异（$p \leqslant 0.05$）

3.5　OsMRLK63 参与水稻耐旱性和 ROS 产量的调节

3.5.1　OsMRLK63 超表达及 RNAi 转基因株系的耐旱性和 ROS 产量的分析

由于 *OsMRLK63* 各转基因株系在田间农艺性状上的差异，结合 *OsMRLK63* 基因在应激响应过程中的表达模式，我们随后检测了 *OsMRLK63* 各转基因株系对干旱的耐受性。结果如（图 3-8A），*OsMRLK63* 的 OE 植株对干旱的耐受性更强，而 RNAi 植株对干旱胁迫的敏感性更强。OE 株系在干旱条件下的存活率高于 WT 株系，RNAi 株系的存活率显著低于 WT 株系（图 3-8B）。造成这一结果的可能的原因之一是因为 *OsMRLK63* 的 RNAi 的转基因株系的植株过于矮小，根系也相对不发达，对水分的利用率相对较低。

为了进一步探究造成 *OsMRLK63* 各转基因株系对干旱胁迫耐受性差异是否还有其他原因，我们检测了 *OsMRLK63* 各转基因株系体内 ROS 含量的变化。我们发现，即使在正常生长条件下，OsMRLK63-OE 植株体内的 ROS（H_2O_2 和 O^{2-}）产量也高于 WT，而 OsMRLK63-RNAi 植株体内的 ROS（H_2O_2 和 O^{2-}）产量明显低于 WT。如图 3-8C、图 3-8D 所示，分别表示 H_2O_2 和 O^{2-} 释放水平的 NBT 染色和 DAB 染色的叶片，OsMRLK63-OE 植株比 OsMRLK63-RNAi 植株叶片染色重。化学计量分析（图 3-8E，3-8F）显示，在正常生长条件和干

旱胁迫条件下，OsMRLK63-OE 植株叶片 H_2O_2 含量和 O_2^{2-} 含量均高于 OsMRLK63-RNAi 植株。这些结果表明，*OsMRLK63* 正向调控水稻的抗旱性，它的这一功能可能是通过调控 ROS 的产量而起作用。

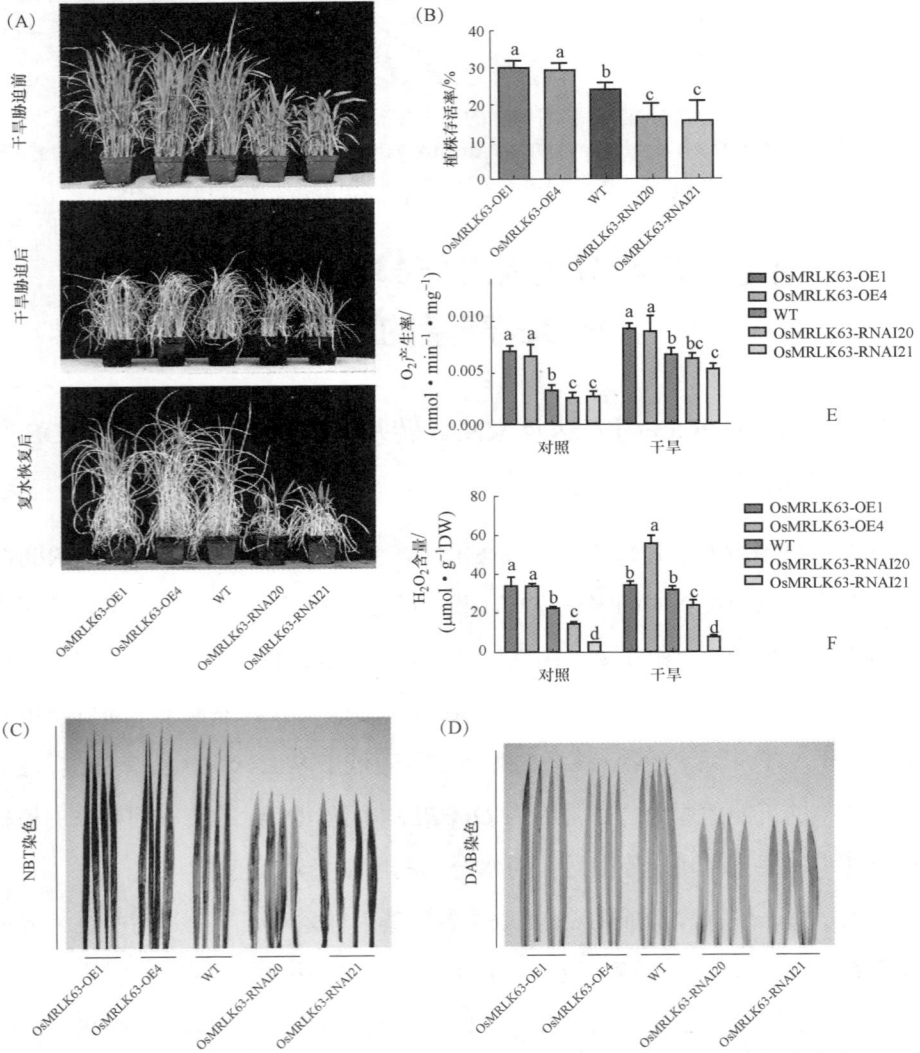

图 3-8　*OsMRLK63* 超表达及 RNAi 转基因植物的耐旱性分析和 ROS 的产生

（A）野生型（WT）、*OsMRLK63* 过表达（OE）和 RNA 干扰（RNAi）植株在干旱处理前的表型（上层），不浇水 5 天（中层），再浇水 14 天（下层）。（B）*OsMRLK63* 转基因植物不同株系的存活率。数据为三个独立生物学重复的平均值±标准差。（C-D）正常生长条件下 *OsMRLK63* 转基因植株叶片的 H_2O_2 和 O_2^{2-} 组织化学分析。H_2O_2 组织化学检测为 1% 的 3,3′-二氨基苯胺（DAB）染色后叶片中 H_2O_2 的存在，而 O_2^{2-} 组织化学检测为 0.1% 的硝基蓝四唑（NBT）染色后叶片中 O_2^{2-} 的存在。（E-F）OsMRLK63- 各转基因植物在正常生长条件下和干旱胁迫条件下叶子中 H_2O_2 的含量（μmol g^{-1} DW 级）和 O_2^{2-} 的含量（nmol 最低为 1 mg^{-1} 蛋白质）的测定值。采用 6 周龄植株的叶片进行测定。

3.5.2　OsMRLK63 敲除转基因植株 osmrlk63 的耐旱性和 ROS 产量的分析

为了进一步验证 *OsMRLK*63 在水稻耐旱性中的作用，利用 CRISPR/Cas9 基因编辑系统对水稻日本晴中的 *OsMRLK*63 进行敲除，获得 *OsMRLK*63 开放阅读框中携带 4bp 缺失的转基因品种，并且名为 *osmrlk*63（图 3-9A）。如图 3-8B 所示，与 WT 相比，*osmrlk*63 突变体对干旱胁迫更敏感，这与 OsMRLK63-RNAi 株系对干旱胁迫的响应一致，即使 *osmrlk*63 突变体没有表现出 OsMRLK63-RNAi 株系所具有的侏儒症表型（图 3-9B）。

随后，我们测试了 WT 和 *osmrlk*63 突变体植株叶片的相对含水量，结果表明 *osmrlk*63 突变体植株的叶片失水率高于 WT（图 3-9C）。同时，我们研究了 WT 和 *osmrlk*63 突变体植株在正常生长和脱水胁迫条件下的 ROS 产量。如图 3-9D-E 所示，与 WT 相比，叶子中表现出更强的 DCF 荧光，而 *osmrlk*63 表现较低荧光，表明在正常生长条件和脱水胁迫应激条件下，OsMRLK63-OE 株系的细胞内 ROS 生成量较高，而在 *osmrlk*63 中 ROS 生成量较低。

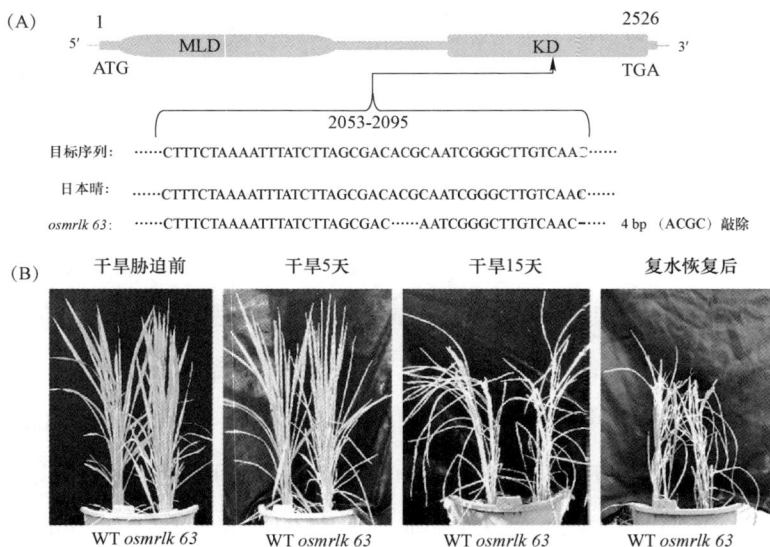

图 3-9　*OsMRLK*63 敲除转基因植株 *osmrlk*63 的耐旱性分析和 ROS 的产生

（A）*OsMRLK*63 中 CRISPR/Cas9 靶位点的示意图。显示了目标区域中的突变位点，所得突变株系被命名为 *osmrlk*63。（B）WT 和 *osmrlk*63 的干旱胁迫表型，先进行 5 d 和 15 d 不浇水干旱胁迫处理，之后再进行 14 d 的浇水缓解。孕穗期的植株用于干旱处理（Bars＝10 cm）。

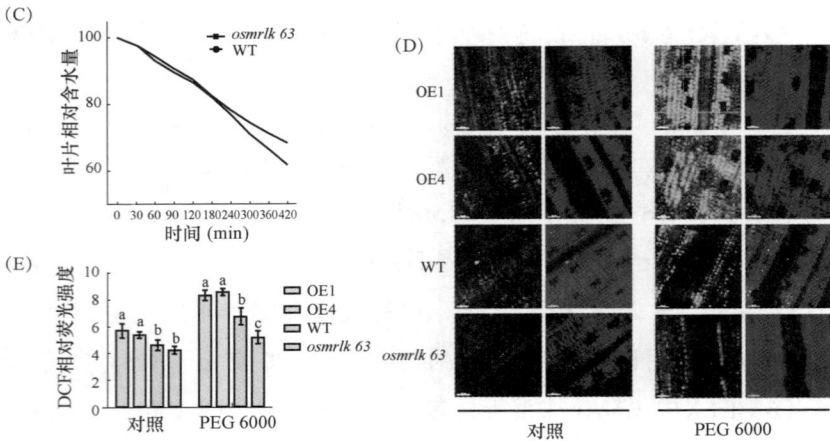

图 3-9 *OsMRLK63* 敲除转基因植株 *osmrlk*63 的耐旱性分析和 ROS 的产生（续）
（C）植物的相对含水量。它显示离体后 420 min 内叶片相对含水量的变化。（D）正常生长条件下，
利用 ROS 荧光探针 $H_2DCF-DA$，在 6 周龄的 OsMRLK63-OE 转基因植株和 *osmrlk*63 叶片中进行
ROS 水平的可视化分析。（Bars＝40 μm）。（E）用 $H_2DCF-DA$ 荧光探针检测 ROS 的产量。
使用 ImageJ 软件计算荧光信号的强度。

3.6　OsMRLK63 与 OsRbohs 的相互作用分析

3.6.1　OsMRLK63 与 OsRbohA 之间存在相互作用

质膜 NADPH 氧化酶，也称为作为植物体内 ROS 产生的关键酶，参与植物对逆境胁迫的响应过程。由于 *OsMRLK*63 过表达之后对干旱胁迫的耐受性明显增强，且 OsMRLK63-OE 植株体内的 ROS 含量显著提高，因此我们推测 OsMRLK63-OE 对干旱胁迫的耐受性增强可能部分归因于 ROS 含量的变化。也就是说 OsMRLK63 与 OsRbohs 家族成员之间可能存在着某种关联。因此，我们用萤火虫萤光素酶互补成像（Firefly luciferase complementation imaging assay，LCI）实验检测 OsMRLK63 与 OsRbohs 成员之一——OsRbohA 的相互作用，结果如图 3-10A 所示，说明 OsMRLK63 与 OsRbohA 在体内存

在着直接的相互作用。我们利用分裂泛素系统（split-ubiquitin system，SUS）OsMRLK63 与 OsRbohA 的相互作用进行了进一步的验证，结果如图 3-10B 所示，OsMRLK63 与 OsRbohA 在酵母细胞中也存在着相互作用。由于 OsMRLK63 和 OsRbohA 都是跨膜蛋白，根据二者的蛋白结构特点和相关文献报道我们推测二者的互作部位可能是 OsMRLK63 的胞内激酶结构域（OsMRLK63-KD）和 OsRbohA 的 N-末端结构域（OsRbohA-ND）。为了验证这一结果，我们采用 Y2H gold 系统检测 OsMRLK63-KD（C 末端的 317 个氨基酸）和 OsRbohA-ND（N 末端的 360 个氨基酸）的互作情况，结果发现 OsMRLK63-KD 和 OsRbohA-ND 在酵母体内存在着相互作用（图略），说明二者相互作用的部位为 OsMRLK63 的胞内激酶结构域（OsMRLK63-KD）和 OsRbohA 的 N-末端结构域（OsRbohA-ND）。

为了进一步确定 OsMRLK63 与 OsRbohA 的相互作用，我们采用了 pull-down 和免疫共沉淀（Co-Immunoprecipitation，Co-IP）实验。由于 OsMRLK63 和 OsRbohA 的互作部位是 OsMRLK63-KD 和 OsRbohA-ND，因此我们就选择这两个片段来进行下一步的实验。通过 MBP-pull down 实验明确了 OsMRLK63-KD 和 OsRbohA-ND 在体外存在着相互作用（图 3-10D）。Co-IP 实验表明，在烟草叶片中，重组蛋白 OsRbohA-ND-eGFP 可以免疫沉淀重组蛋白 OsMRLK63-KD-Flag，进一步明确了 OsMRLK63-KD 和 OsRbohA-ND 的相互作用（图 3-10C）。

3.6.2　OsMRLK63 与 OsRbohs 的相互作用分析

我们还进行了 OsMRLK63 与 OsRbohs 家族其他成员（OsRbohB 和 OsRbohC）的互作分析，SUS 实验表明 OsMRLK63 分别与 OsRbohB 和 OsRbohH 之间存在强烈相互作用（图 3-10E）。双分子荧光互补（BiFC）实验中强烈的黄色荧光蛋白（eYFP）荧光信号的存在进一步验证了 OsMRLK63 与 OsRbohB 和 OsRbohH 之间的相互作用。之后，LCI 实验再次证明 OsMRLK63 可与 OsRbohB 和 OsRbohH 相互作用（图 3-10F～图 3-10）。这

些结果表明了 OsMRLK63 和 OsRboh 家族成员之间存在着紧密的相互作用关系。

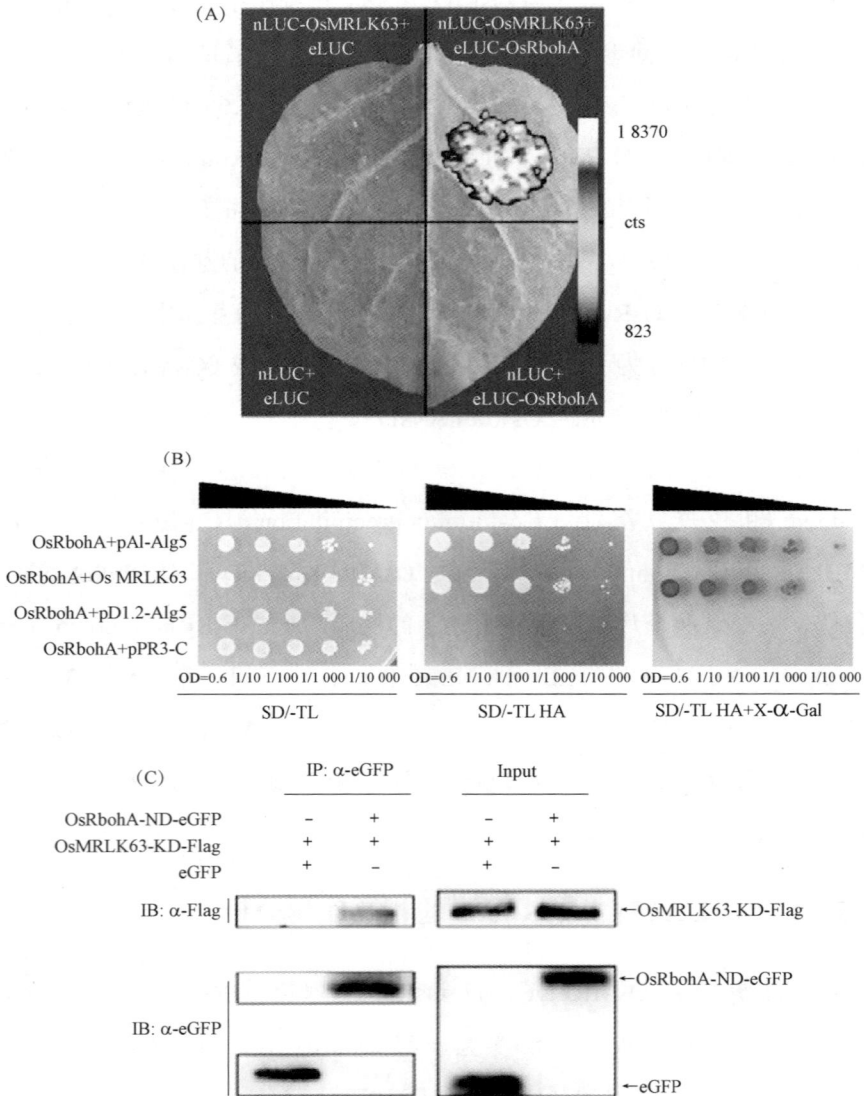

图 3-10　OsMRLK63 与 OsRbohs 互作分析

（A）LCI 实验，检测 OsMRLK63 与 OsRbohA 的互作；（B）分裂泛素酵母双杂交实验，检测 OsMRLK63
与 OsRbohA 的互作；（C）Co-IP 实验，检测 OsMRLK63-KD 与 OsRbohA-ND 的体内互作

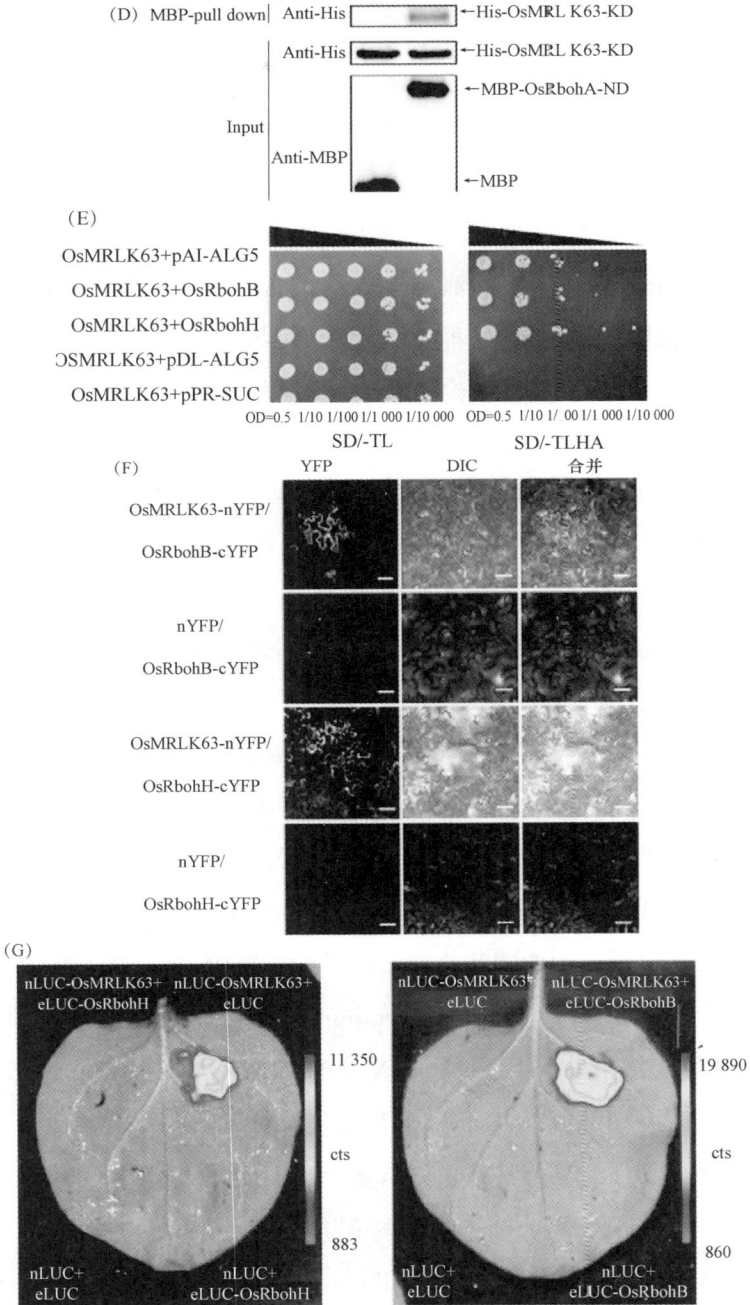

图 3-10　OsMRLK63 与 OsRbohs 互作分析（续）

（D）MBP-pull down 实验，检测 OsMRLK63-KD 与 OsRbohA-ND 的体外互作；

（E-G）：SUS、BiFC 和 LCI 检测 OsMRLK63 与 OsRbohB 和 OsRbohH 的相互作用

3.6.3　OsMRLK63 与 OsRbohs 的磷酸化作用分析

如上所述，OsMRLK63 具有激酶活性，并且可能磷酸化其底物以在生物过程中发挥作用。研究这些 OsRbohs 是否是磷酸化 OsMRLK63 的底物，进行了一系列实验。已知 OsRbohA 在水稻响应干旱胁迫过程中起一定的作用，我们选择 OsRbohA 为底物，检测 OsMRLK63 是否可以磷酸化 OsRbohs 家族成员，首先，使用 Phos-tag（一种功能分子，可与磷酸根离子特异性结合）基于 SDS-PAGE 凝胶电泳技术来检测 OsMRLK63 对 OsRbohA 的磷酸化作用。如图 3-11A 所示，OsMRLK63-KD 可磷酸化 OsRbohA-ND。随后的 ADP-Glo 激酶实验，再次证明 OsMRLK63-KD 可磷酸化 OsRbohA-ND（图 3-11B）。

此外，我们利用 the Group-based Prediction System web tool（http://gps.biocuckoo.cn/online.php）预测了 10 个 OsRbohA-ND 中可能被磷酸化的潜在位（Ser23、Ser26、Ser27、Ser31、Ser35、Ser36、Ser341、Ser345、Ser348 和 Ser352）。为了检测 OsRbohA 这 10 个磷酸化位点的作用，构建了一系列的携带 Ser（S）到 Ala（A）点突变形式的 OsRbohA-ND 序列突变体（OsRbohA-ND^{S23A}、OsRbohA-ND^{S26A}、OsRbohA-ND^{S27A}、OsRbohA-ND$^{S31/35/36A}$、OsRbohA-ND$^{S23/26/27/31/35/36A}$ 和 OsRbohA-ND$^{S341/345/348/352A}$）用于实验。结果如图 3-11C 所示，在 OsMRLK63 激酶催化下，与 OsRbohA-ND 的磷酸化水平相比较，OsRbohA-ND^{Ser23} 蛋白中的磷酸化明显降低，而 OsRbohA-ND^{S26A}、OsRbohA-ND^{S27A}、OsRbohA-ND$^{S31/35/36A}$、OsRbohA-ND$^{S23/26/27/31/35/36A}$ 的磷酸化水平也有所降低。这些结果进一步证明，OsMRLK63-KD 可使 OsRbohA 发生磷酸化，且 Ser26 为 OsRbohA-ND 的主要磷酸化位点。

随后，我们利用烟草瞬时共表达系统研究了是否 OsMRLK63 与 OsRbohA 的互作会影响体内 ROS 的产生。在烟草叶片中瞬时共表达 OsMRLK63-KD 和 OsRbohA 的系列突变体，利用 DCF 荧光信号来检测 ROS 的产生量，结果如图 3-11（D-E）所示，OsMRLK63-KD 和 OsRbohA 共表达会增加叶片中的 ROS 含量。同时发现，与 OsMRLK63-KD 和 OsRbohA 共表达时的荧光信

（A）

ATP	+	+	+
His-OsMRLK63-KD	–	+	+
MBP-OsRbohA-ND	+	+	–

α-MBP　　　　　　　←p-MBP-OsRbohA-ND
（Phos-tag）　　　　←MBP-OsRbohA-ND

CBB　　　　　　　←MIBP-OsRbohA-ND
　　　　　　　　←His-OsMRLK63-KD

（B）

■ MBP-MRLK63-KD+His-RbohA-N
■ MBP-MRLK63-KD His

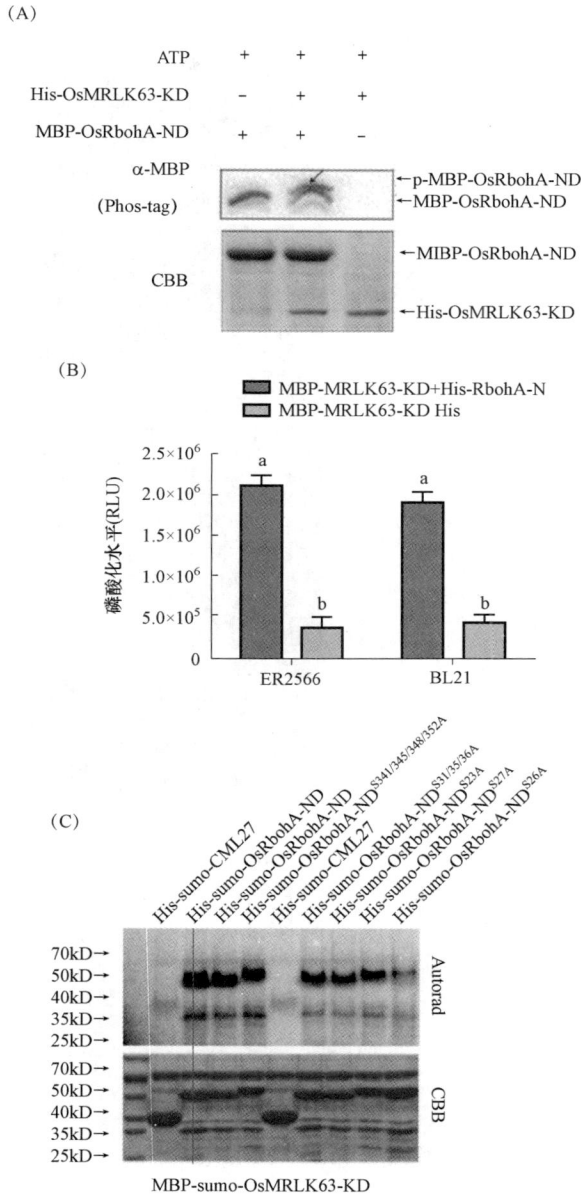

图 3-11　OsMRLK63 对 OsRbohs 的磷酸化分析

（A）通过基于 Phos 标签的 SDS-PAGE 和 western blot 检测 OsMRLK63 对 OsRbohA 的磷酸化。（B）使用 ADP-Glo 激酶测定法分析 OsMRLK63 对 OsRbohA 的磷酸化。如上所述，从大肠杆菌中纯化 OsMRLK63-KD-MBP 和 OsRbohA-ND-His-sumo 蛋白，并在激酶测定缓冲液中于 25 ℃孵育 30 min。然后使用 ADP-Glo 激酶检测试剂盒定量激酶反应产生的 ADP。使用 GloMax20/20 光度计记录。（C）放射自显影测定法，用于检测 OsMRLK63-KD 磷酸化 OsRbohA-ND 的位点突变形式，CML27$^{\Delta 11-19aa}$ 作为阴性对照。

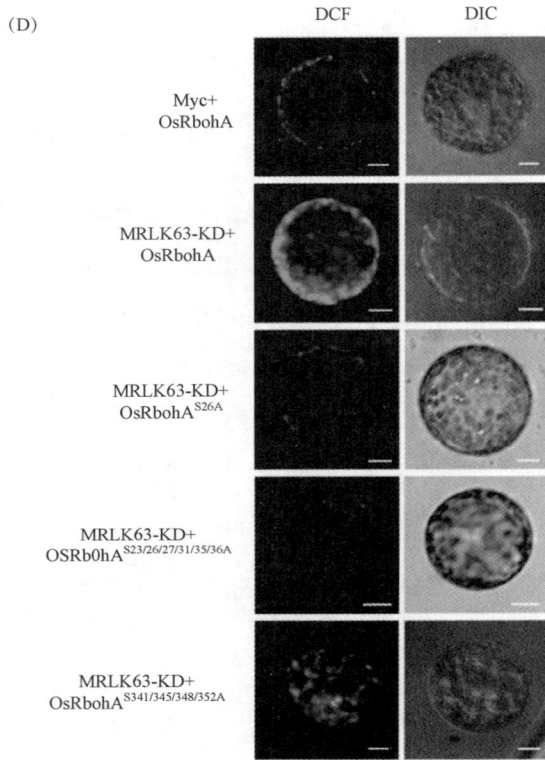

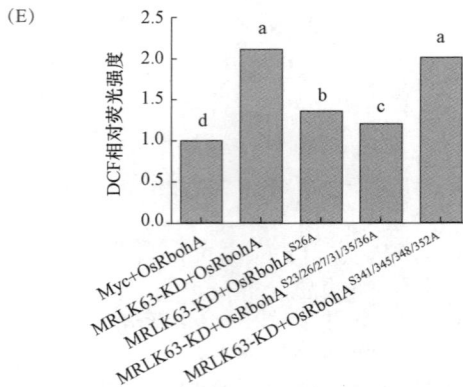

图 3-11　OsMRLK63 对 OsRbohs 的磷酸化分析（续）

（D-E）OsMRLK63-KD 对 OsRbohA-ND 的磷酸化程度对 ROS 产生的影响。用 H₂DCF-DA 可视化检测
ROS 水平，在烟草叶片中分别瞬时表达 OsMRLK63-KD 和 OsRbohA^{S26A}、sMRLK63-KD 和
OsRbohA$^{S23/26/27/31/35/36A}$、OsMRLK63-KD 和 OsRbohA$^{S341/345/348/352A}$、OsMRLK63-KD 和 OsRbohA

号相比较，共表达 OsMRLK63 与 OsRbohA^{S26A} 或 OsRbohA$^{S23/26/27/31/35/36A}$ 检测出较弱的荧光水平，而共表达 OsMRLK63 和 OsRbohA$^{S341/345/348/352A}$ 的荧光水平却变化不大，再次说明 OsMRLK63 与 OsRbohA 的互作及 OsMRLK63 对 OsRbohA 的磷酸化作用会影响植物体内 ROS 的产生，且 OsMRLK63 对 OsRbohA 磷酸化作用的位点主要发生在 Ser26。

3.7　OsMRLK63 的下调影响植物抵抗逆境相关基因的表达

为了进一步了解 OsMRLK63 在水稻发育和抵抗逆境胁迫中的作用，我们进行了 RNA-seq 实验，鉴定了在水稻中 *OsMRLK63* 被沉默后水稻基因组中差异表达的基因。结果显示：OsMRLK63-RNAi20 植株中共有 5151 个发生基因差异表达。与 WT 相比，RNAi20 植株中 1950 个基因上调，3201 个基因下调（图 3-12A）。GO 分析表明，大多数富集的 GO 项目与催化活性、细胞成分和代谢过程有关（图 3-12B）。与 WT 相比，OsMRLK63-RNAi20 植株中与 ATPases 或 GTPases 相关的 44 个基因有差异表达。另外，与 Pentatricopeptide repeat（PPR）结构域包含蛋白相关的 21 个基因，以及与 Ankyrin repeat（ANK）结构域包含蛋白相关的 5 个基因在 OsMRLK63-RNAi20 株系中的转录水平与 WT 相比也有很大的差异表达。值得注意的是，OsMRLK63-RNAi20 植物中编码快速碱化因子（RALFs）的一组基因（12 个）的转录水平与 WT 相比有很大差异。更值得关注的是，"蛋白激酶"中有 203 个差异表达基因，其中凝集素样蛋白激酶 26 个，与细胞壁相关的受体激酶 11 个、丝氨酸/苏氨酸蛋白激酶 29 个、酪氨酸蛋白激酶 3 个、富含亮氨酸的类受体激酶 29 个、富含半胱氨酸的蛋白激酶 9 个，与衰老相关的蛋白激酶 9 个，其他的蛋白激酶 91 个。同时我们发现有 72 个与氧化还原反应相关的蛋白存在差异表达，有 27 个与钙离子相关的蛋白存在差异表达，有 5

（A）

火山图（OSMRLK63-RNAi20sWT）

（B）

GO富集分析（OsMRLK63-RNAi20vsWT）

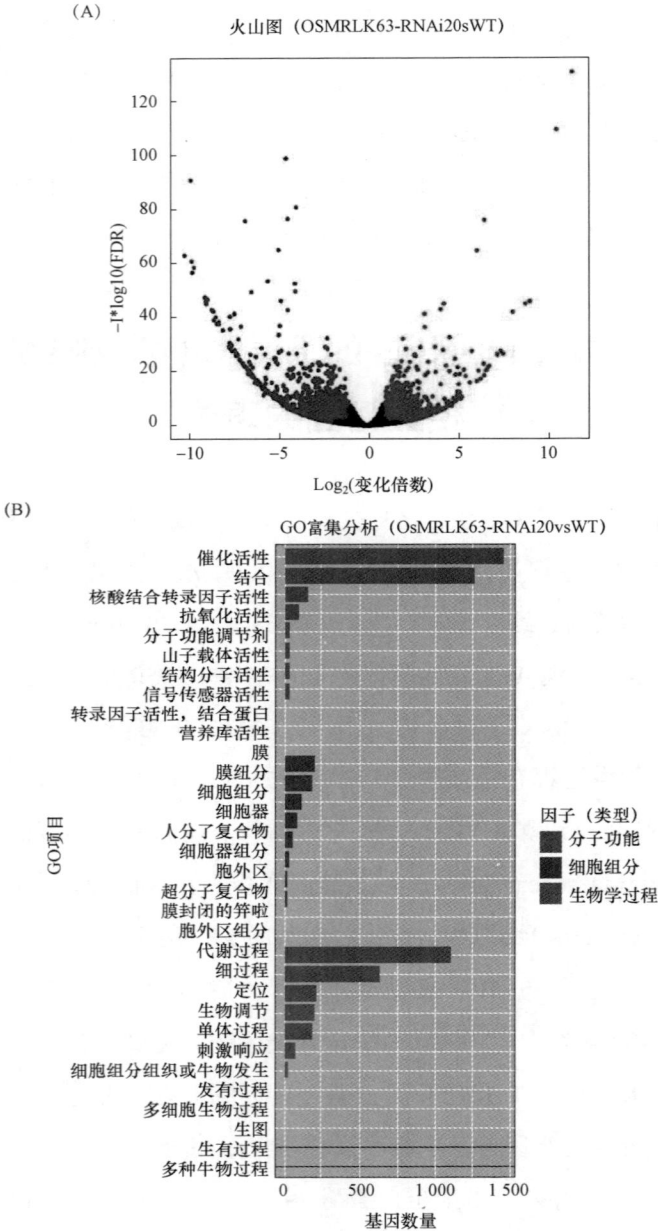

图 3-12　OsMRLK63 转基因植株与 WT 差异表达基因的转录谱分析

（A）OsMRLK63-RNAi20 与 WT 间差异表达基因表达模式的比较，浅灰色点表示上调的差异表达基因，深灰色点表示下调的差异表达基因，黑点代表的基因没有显著差异。以 log2（变化倍数）＞1 和 q 值＜0.005 为阈值，鉴定差异表达显著的基因。（B）具有差异表达基因的显著富集 GO 聚类分析。结果归纳为三大类：生物过程、细胞成分和分子功能。星号（*）表示丰富的 GO 富集项。

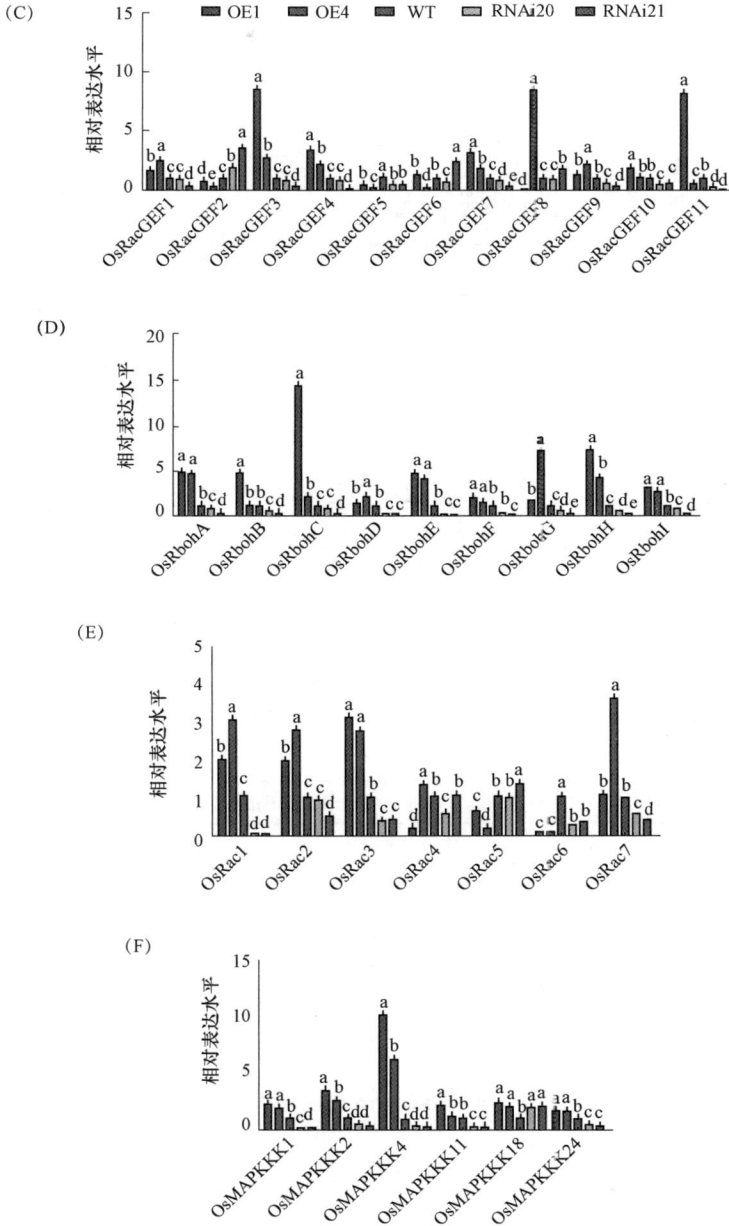

图 3-12 OsMRLK63 转基因植株与 WT 差异表达基因的转录谱分析（续）

（C-H）用 qRT-PCR 分析了几种蛋白家族基因的转录表达谱。表达量归一化为内源对照 *OsActin*1。误差条表示三次重复的 SD，不同字母标注的条表示单因素方差分析差异显著（$p \leqslant 0.05$）

(G)

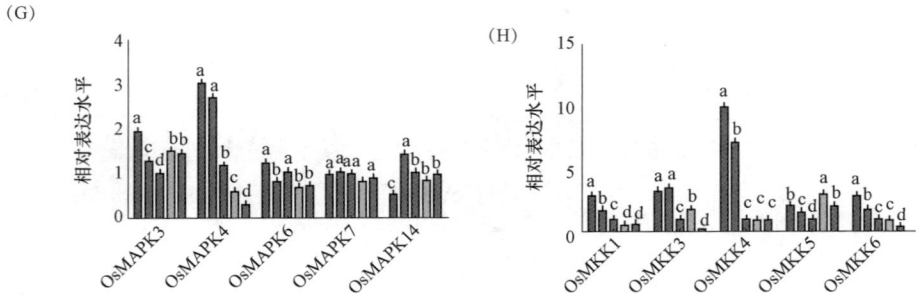

(H)

图 3-12　OsMRLK63 转基因植株与 WT 差异表达基因的转录谱分析（续）

（C-H）用 qRT-PCR 分析了几种蛋白家族基因的转录表达谱。表达量归一化为内源对照 *OsActin*1。误差条表示三次重复的 SD，不同字母标注的条表示单因素方差分析差异显著（$p \leqslant 0.05$）

个水通道蛋白发生差异表达，有 27 个生长素诱导相关蛋白发生差异表达，有 23 个与磷酸化反应相关的蛋白发生了差异表达。另外有 39 个与胁迫响应相关的基因的转录水平也发生了变化（表 3-8）。

表 3-8　OsMRLK63-RNAi20 转基因植株中与 WT 转录水平发生差异的部分基因

RAP 登录号	MSU 登录号	基因名称或注释	变化倍数	表达量
编码呼吸爆发氧化酶同源物的基因				
Os01g0734200	LOC_Os01g53294	OsrbohA；Osrboh2	2.659 187 174	Down
编码 Rop/Rac 相关蛋白的基因				
Os01g0757600	LOC_Os01g55280	OsRac5 chaperone，OsMY1	2.542 540 423	Down
编码鸟嘌呤核苷酸交换因子的基因				
Os02g0702600	LOC_Os02g47420	ATROPGEF7/ROPGEF7，putative，expressed	4.766 493 479	Down
Os03g0328000	LOC_Os03g21080	guanine nucleotide exchange factor，putative，expressed	2.004 730 957	Down
Os05g0560100	LOC_Os05g48640	ATROPGEF7/ROPGEF7，putative，expressed	2.942 690 168	Up
Os04g0559100	LOC_Os04g47170	ATROPGEF7/ROPGEF7，putative，expressed	3.969 260 954	Down
编码有丝分裂原活化蛋白激酶的基因				
Os02g0769700	LOC_Os02g53030	mitogen-activated protein kinase kinase kinase 1，putative，expressed	7.025 382 07	Down
Os03g0225100	LOC_Os03g12390	mitogen-activated protein kinase kinase，OsMKK10-2	2.093 413 093	Down

续表

RAP 登录号	MSU 登录号	基因名称或注释	变化倍数	表达量
Os06g0367900	LOC_Os06g26340	mitogen-activated protein kinase，OsMPK11；OsMPK20-3	2.083 420 491	Up
Os02g0135200	LOC_Os02g04230	mitogen-activated protein kinase，OsMPK13；OsBIMK2	2.290 453 415	Up
Os06g0724900	LOC_Os06g50920	mitogen-activated protein kinase kinase kinase，ILA1	4.269 902 255	Up
		编码应激相关蛋白的基因		
Os01g0162800	LOC_Os01g06900	verticillium wilt disease resistance protein Ve2，putative，expressed	42.478 439 2	Down
Os01g0117500	LOC_Os01g02810	resistance-related receptor-like kinase，putative，expressed	31.670 252 31	Down
Os08g0387700	LOC_Os08g29809	resistance protein LR10，putative，expressed	3.281 383 177	Down
Os04g0122000	LOC_Os04g03180	disease resistance protein，putative，expressed	10.126 746 83	Down
Os12g0512400	LOC_Os12g32790	disease resistance RPP13-like protein 1，putative，expressed	7.673 499 005	Down
Os11g0606100	LOC_Os11g39280	disease resistance protein，putative，expressed	6.243 404 857	Down
Os12g0220900	LOC_Os12g11930	disease resistance protein SlVe2 precursor，putative，expressed	4.998 542 956	Down
Os01g0161300	LOC_Os01g06790	disease resistance protein，putative，expressed	4.614 274 067	Down
None	LOC_Os01g25720	disease resistance protein RGA4，putative，expressed	2.126 333 359	Up
Os07g0481300	LOC_Os07g29810	disease resistant protein，identical，putative，expressed	2.127 626 182	Up
Os04g0118800	LOC_Os04g02860	disease resistance protein RPM1，putative，expressed	5.761 018 361	Up
None	LOC_Os04g53050	disease resistance RPP13-like protein 1，putative，expressed	9.703 726 443	Up
Os12g0204800	LOC_Os12g10340	NBS-LRR type resistance protein，putative，expressed	4.383 529 283	Down
Os11g0598500	LOC_Os11g38580	NBS-LRR type disease resistance protein，putative，expressed	3.055 282 352	Down
Os11g0227800	LOC_Os11g12050	NBS-LRR type disease resistance protein，putative，expressed	7.399 701 289	Down
None	LOC_Os04g53000	NBS-LRR disease resistance protein，putative，expressed	2.801 481 031	Down

续表

RAP 登录号	MSU 登录号	基因名称或注释	变化倍数	表达量
Os08g0205100	LOC_Os08g10430	NBS-LRR disease resistance protein，putative，expressed	2.619 040 957	Down
Os06g0287000	LOC_Os06g17920	NBS-LRR disease resistance protein，putative，expressed	12.356 505 63	Up
Os08g0205150	LOC_Os08g10440	NBS-LRR disease resistance protein，putative，expressed	16.999 671 28	Up
Os11g0604900	LOC_Os11g39160	NBS-LRR disease resistance protein，putative，expressed	56.958 886 74	Down
Os11g0639600	LOC_Os11g42040	non-TIR-NBS-LRR type resistance protein，putative，expressed	145.474 975 3	Down
Os08g0266400	LOC_Os08g16580	Cf2/Cf5 disease resistance protein，putative，expressed	3.568 500 337	Up
Os06g0286700	LOC_Os06g17900	disease resistance protein RPM1，Pi9；Pi2/Piz-5；Pi50；Piz；Pi	10.462 413 61	Up
Os06g0330100	LOC_Os06g22460	disease resistance protein RPM1，Pi-d3	24.049 569 79	Up
Os01g0130200	LOC_Os01g03940	disease resistance protein，NRR	4.201 854 285	Down
Os12g0555500	LOC_Os12g36880	disease resistance protein，OsPR10a；PBZ1	2.568 869 042	Down
Os03g0300400	LOC_Os03g18850	disease resistance protein，JIOsPR10	3.782 054 132	Down
Os06g0130100	LOC_Os06g03970	drought-induced receptor-like kinase，OsSIK1	4.038 807 201	Down
Os03g0793000	LOC_Os03g57900	disease resistance protein，OsiSAP7；OsiSAP7	3.377 093 712	Down
Os03g0110900	LOC_Os03g02020	stress responsive A/B Barrel domain containing protein，expressed	5.720 992 081	Up
Os11g0150400	LOC_Os11g05290	stress responsive A/B Barrel domain containing protein，expressed	3.924 781 748	Down
Os07g0671800	LOC_Os07g47510	stress-related protein，putative，expressed	3.053 992 767	Down
Os01g0382700	LOC_Os01g28540	stress regulated protein，putative，expressed	3.096 434 157	Up
Os03g0179400	LOC_Os03g08170	drought-induced receptor-like cytoplasmic kinase，GUDK	4.760 664 262	Down
Os02g0506600	LOC_Os02g30320	drought-induced protein 1，putative，expressed	2.082 403 046	Up
Os06g0184700	LOC_Os06g08560	multidrug resistance-associated protein 11，putative，expressed	2.175 463 398	Up
Os02g0671100	LOC_Os02g44990	stress-related protein，MAIF1	3.021 682 178	Up
Os06g0682900	LOC_Os06g46900	stress-related protein，HSA32	4.229 500 17	Down
Os06g0297400	LOC_Os06g19370	cadmium tolerance factor，putative，expressed	2.464 917 91	Down

同时我们也发现，与 WT 相比，在 OsMRLK63-RNAi20 植株中编码这

几组蛋白质的基因的转录水平也发生了变化，如 Rbohs、Rop/Rac 相关蛋白（Racs）、鸟嘌呤核苷酸交换因子（GEF）、促分裂原活化蛋白激酶（MAPK）级联反应相关蛋白和胁迫相关的蛋白质（表 3-8）。在此基础上，我们采用 qRT-PCR 进一步分析了 *OsRbohs*、*OsRacGEFs*、*OsRacs* 和 *OsMAPK* 级联家族成员基因在 WT、OsMRLK63-OE 和 OsMRLK63-RNAi 转基因植株中的转录模式。结果如图 3-12（C～H）所示，几乎所有的 *OsRbohs* 基因在 OsMRLK63-OE 植株中均上调，而在 OsMRLK63-RNAi 植株中下调，与 *OsMRLK63* 的协同表达关系非常好（图 3-12D）。在 OsRacGEFs 家族基因上也观察到类似的结果。其中 *OsRacGEF*1、*OsRacGEF*3、*OsRacGEF*4、*OsRacGEF*7 和 *OsRacGEF*9 在转基因植株中与 *OsMRLK63* 的表达有较好的协同性（图 3-12C）。在 *OsRacs* 家族基因中，*OsRac*1、*OsRac*2、*OsRac*3 和 *OsRac*7 与 *OsMRLK63* 在所有转基因株系中均表现出良好的共表达（图 3-12E）。有趣的是，一组 MAPK 级联反应相关蛋白的基因也表现出与 *OsMRLK63* 良好的协同表达谱。多个 *MAPKKKs*（*MAPKKK*1、*MAPKKK*2、*MAPKKK*4、*MAPKKK*11 和 *MAPKKK*24）、三个 *MAPKK*（*OsMAPKK*1、*OsMAPKK*4 和 *OsMAPKK*6），以及一个 *MAPK*（*OsMAPK*4）在转基因株系中与 *OsMRLK63* 表现出很好的协同表达转录谱（图 3-12F～图 3-12H），提示一个 *OsMAPKKK*1/2/4/24-*OsMAPKK*1-*OsMAPK*4 信号级联可能参与了 *OsMRLK63* 介导的信号转导过程。

3.8　研究结果分析

　　植物免疫反应的快速诱导是植物抵御外界胁迫的必要因素。植物利用一系列定位于细胞表面的 PRRs 来检测外界环境中多种多样的逆境胁迫因子，进而触发免疫反应。基于对 PRRs 的要求，植物中的模式识别受体分为两类，即 RLPs 和 RLKs，二者都具有胞外的配体结合结构域，用于胞外信号的识别。典型的类受体蛋白激酶是一个跨膜蛋白，除位于胞外的配体结合结构域

外，还有位于胞内的激酶结构域，该结构域可以与胞内的其他成分相互作用，从而将胞外配体结合结构域所识别的信号传递到胞内。

在拟南芥中，富含亮氨酸重复类受体激酶 FLS2 和 EFR 是典型的类受体激酶，它们分别是细菌鞭毛蛋白（Flagellin）和鞭毛蛋白延伸因子 Tu（EF-Tu）的 PRRs。在拟南芥的免疫反应中，Flagellin 和 EF-Tu 各自的免疫原蛋白 flg22 和 elf18 分别与模式识别受体 FLS2 和 EFR 结合，分别诱导它们即时的与共受体 BAK1 结合，使其发生磷酸化，进而介导下游免疫反应的起始，如 ROS 的爆发、MAP 激酶级联反应的激活、钙离子依赖的蛋白激酶（CPKs or CDPKs）的激活、转录的重新编程，以及最终的免疫反应等。

在本研究中，我们克隆到了一个含有 Malectin-like 结构域的类受体激酶 OsMRLK63 的基因，该基因编码的蛋白定位于细胞膜，其转录水平受多种非生物胁迫和外源植物激素的显著影响。对其进一步研究发现：OsMRLK63 可以 OsRacGEF1 相互作用，同时也可以与 OsRbohs 家族的多个成员相互作用，在体内形成复合体，共同调控 ROS 的产生。本研究的研究结果为水稻应激反应过程中含有 Malectin/malectin-like 结构域的类受体激酶在水稻抗旱性中发挥重要作用提供了新的证据，对其在逆境响应中的功能提供了新的思路。

3.8.1　OsMRLK63 是一个新的 Malectin 类受体激酶，正向调控水稻的耐旱性

植物中的包含 Malectin/malectin-like 结构域的类受体激酶是植物中新发现的一类类受体激酶。目前研究较多的是 CrRLK1 L 家族蛋白，先前在水稻中进行的一系列研究表明，一些 Malectin/malectin-like 受体激酶（CrRLK1 Ls）同源物在昼夜信号和干旱应激反应中发挥了作用。叶片表达的两种水稻同源物 OsCrRLK1 L2 和 OsCrRLK1 L3 分别在白天和夜间拮抗上调，两种根优先基因 *OsCrRLK*1 L10 和 *OsCrRLK*1 L14 在干旱诱导下轻度上调。另一种水稻同源物 OsCrRLK1 L15 在水稻愈伤组织培养中失去功能时，对盐胁迫的耐受性增强。

在这里，我们发现水稻中的 OsMRLK63 是一个典型的含有 Malectin-like 结构域的类受体激酶，具有类受体激酶的基本结构，即胞外的配体结合结构域、跨膜结构域和位于胞内的激酶结构域（图 3-1）。其在水稻孕穗期和抽穗期的叶片中高水平的表达（图 3-3）。OsMRLK63 的转录水平受环境胁迫的强烈刺激（图 3-4），说明 OsMRLK63 是一种新型的应激反应类受体激酶。

在水稻中 OsMRLK63 的表达降低（RNAi）可使植株的高度显著降低，呈现侏儒症状，同时 RNAi 植株的分蘖数、千粒重、穗长、穗重、每一穗上的种子数以及穗子上的枝梗数等均有不同程度的下降（图 3-7）。过表达 OsMRLK63 可提高植株的抗旱性（图 3-7），这些结果表明这种蛋白质积极调节植株对干旱胁迫的耐受性。与此同时，与 WT 相比，OsMRLK63-OE 植株体内的 ROS 含量有所上升，而 OsMRLK63-RNAi 植株体内的 ROS 含量却有所减低（图 3-8），这意味着在正常生长条件下，OsMRLK63-OE 植株体内的较高水平的 ROS 有助于提高植株对干旱胁迫的耐受性。由此可见，OsMRLK63 是一种新型的包含 Malectin-like 结构域的类受体激酶，在植物抗逆，特别是抗干旱胁迫过程中发挥重要作用。

3.8.2　OsMRLK63-OsRacGEFs-OsRbohs 复合体积极调控植株的耐旱性

在植物免疫反应中，ROS 的爆发是一种跨越物种的保守的信号通路的产物。生成的 ROS 被认为是抗菌剂，可作为细胞壁的交联剂，阻止病原体进入植物细胞，或作为局部或系统的第二信使来触发其他的免疫反应，如基因表达或气孔关闭等。Rbohs 可以催化超氧化物（O_2^-）的生成，然后通过过氧化物酶将其转化为过氧化氢（H_2O_2）。植物中的 Rbohs 与人类的 NOX 家族蛋白相似，具有一个包含跨膜结构域的核心的 C 末端区域和产生超氧化物的功能性的氧化酶结构域。另外，植物中的 Rbohs 还有一个额外的 N-末端结构域，该区域含有 EF-handmotifs 及潜在的磷酸化位点，Rbohs 的多数调控作用就发生在 N-末端结构域。多数刺激会使植物细胞外的 Ca^{2+} 迅速流入细胞内，

Ca^{2+}结合在 Rbohs 的 EF-handmotifs 部位,诱导 Rbohs 构象发生变化,这是 Rbohs 被激活的关键。此外,Ca^{2+}激活 Ca^{2+}调节的蛋白激酶(CPKs)或与 Ca^{2+}调节的磷酸酶 B 类蛋白相互作用的蛋白激酶(CIPKs),CPKs 和 CIPKs 可以使 Rbohs 发生磷酸化。而 OsRbohs 是水稻中重要的 ROS 生成的关键酶,参与植物多种胁迫响应过程。

植物中包含 Malectin-like 结构域的类受体激酶,作为模式识别受体的一员,参与植物免疫反应和正常生长调控过程,可能通过直接调控 OsRbohs 来触发 ROS 的产生。已有研究表明 FER 与 GPI-锚定蛋白 EARLY NODULIN 14(EN14)和 LRE 相互作用,后者在植物雌性配子体中可促进一种未知的下游 NADPH 氧化酶蛋白触发的 ROS 的积累。另外两种 CrRLK1 Ls 蛋白 ANX1 和 ANX2 作用于产生 ROS 的 NADPH 氧化酶 RbohH 和 RbohJ 的上游,调节花粉细胞壁的完整性。此外,FER 和 ANX1/2 均可参与植物免疫反应。FER 正向影响 PAMP-触发的免疫反应,而 ANX1/2 似乎负向调节 PAMP-触发的免疫反应和效应器触发的免疫反应。迄今为止,在拟南芥 10 个 NADPH 氧化酶中,RbohC,RbohD,RbohF,RbohH 和 RbohJ 已被发现与 CrRLK1 Ls 介导的信号通路有关。

在本研究中,我们发现 OsMRLK63 可以与 OsRbohs 家族成员 OsRbohA、OsRbohB 和 OsRbohH 直接互作(图 3-10)。OsMRLK63 还可以使 OsRbohA 发生磷酸化。所有这些结果表明,OsMRLK63 可能通过激活水稻体内的 OsRbohs 来积极调控 ROS 的产生(图 3-11)。

植物中的 Rac/Rop GTPases 是小 GTPases 中一类植物特有的 Rho 家族成员,Rac/Rop GTPases 在细胞内以 GDP 结合的非活性形式和 GTP 结合的活性形式穿梭存在而被调控。这两种活性形式的穿梭交替由两个调节因子所介导,即 GDP/GTP 交换因子 GEFs 和 GTPase 活化蛋白 GAPs。GEFs 可将 GTPases 结合的 GDP 交换为 GTP,活化的小 GTPases 即可与下游的靶蛋白相互作用。有证据表明,RLK 可通过 Rac/RopGEFs 积极地调控 GTPases 所在的信号通路。在植物信号转导中,RLK-Rac/RopGEFs-Rac/Rop small

GTPases 模式已被作为核心模式。

OsRacGEF1 属于植物特异性 ROP 核苷酸交换（PRONE）型 GDP/GTP 交换因子（GEF）家族，被鉴定为 OsRac1 的特异性 GEF。OsRac1 作为水稻中的 Rac/Rop GTPase，在植物免疫应答中发挥重要作用，并通过与 OsRbohs N-末端区相互作用，积极调控 ROS 的产生。但有研究表明 OsRacGEF1 是一个内质网定位的蛋白质，在几丁质诱导的免疫反应中，它可与质膜定位的 RLK 蛋白质 OsCERK1 的胞质结构域互作，且与 OsCERK1 一同以一种膜泡运输的方式从内质网运输到质膜，然后对 OsRac1 进行磷酸化来激活 OsRac1。在拟南芥中，有报道称 RopGEF1，RopGEF7，RopGEF10，RopGEF14 和 Rop2 直接与 Malectin-LIke 受体激酶 FER 的激酶结构域相互作用。Rop2 可进一步与 RbohD 的 N-末端结构域相互作用。此外，FER 还与 Rop11/Rac10 相互作用，通过 ABI2 负性调控 ABA 信号。最后，活化的 Rac/Rops 靶向作用于产生 ROS 的植物 Rbohs，以调节 ROS 的生产。

在这里，我们发现 OsMRLK63 可以直接与 OsRacGEF1 产生相互作用。考虑 OsRacGEF1 可以从 ER 转运到 PM 激活 OsRac1，我们推断 OsMRLK63 在水稻干旱胁迫响应过程中，可能与这些分子之间形成一个 OsMRLK63-OsRacGEF1-OsRac1-OsRbohA 复合体，以此复合体为基础来调节 ROS 的生成。

值得注意的是，除了 OsRacGEF1 直接与 OsMRLK63 互作，且在 OsMRLK63 各个转基因株系中与 OsMRLK63 的转录模式存在很大的协同性外，其他四个 OsRacGEFs 基因：包括 OsRacGEF3，OsRacGEF4，OsRacGEF7 和 OsRacGEF9 也与 OsMRLK63 在 OsMRLK63 各个转基因株系中存在转录模式上的极大相似性，暗示这些 OsRacGEFs 可能在 OsMRLK63 介导的 ROS 产生中扮演着重要的角色，尽管这些 OsRacGEFs 与 OsMRLK63 分子之间的相互作用尚未验证。在 OsRacs 家族基因中，OsRac1，OsRac2，OsRac3 和 OsRac7 与 OsMRLK63 的表达谱具有极大的一致性，进一步说明 OsMRLK63 在 ROS 生成中的作用可能与 Rbohs 的 GEF/Rac-依赖性激活有关。事实上，OsRac GTPases 与 OsRbohs 之间的相互作用是普遍存在的，除了 OsRac1 外，其他的 Racs，包括 OsRac2 和 OsRac7 都可与 OsRbohA、OsRbohB、OsRbohC 和 OsRbohD 相互作用。

3.8.3 多种信号调节机制可能参与 OsMRLK63 介导的水稻耐旱性调节过程

从 RNA-seq 检测结果来看，在 OsMRLK63-RNAi20 植株中，由于 *OsMRLK63* 表达量的下调造成大量基因的差异表达（图 3-11，表 3-7）。与 WT 相比，OsMRLK63-RNAi20 植株中与 ATPases 或 GTPases 相关的 44 个基因有差异表达。ATPases 和 GTPases 是生物能量学、信号传导和许多其他细胞过程的中心角色，这意味着 OsMRLK63 在植物基本代谢过程（如生物能量学和信号传导）中起着重要的作用，尽管在这一方面的研究细节我们目前还不太清楚细节。RALFs 是已知的一种富含半胱氨酸的小肽，参与植物发育和生长的各个方面，它们可能作为 Malectin-like 受体激酶的配体。许多 RALFs 已被鉴定参与 Malectin-like 受体激酶（如 FER 和 ANX1/2）介导的植物免疫、花粉管生长、根和下胚轴伸长过程。OsMRLK63-RNAi20 植物中编码快速碱化因子（RALFs）的一组基因（12 个）的转录水平与 WT 相比表达量明显下调，提示这些 RALFs 可能在 OsMRLK63 介导的信号转导过程中起一定的作用。

此外，OsMRLK63 可能还参与了植物中 RNA 和蛋白质活化的模块。PPR 重复域蛋白是一大类模块化 RNA 结合蛋白，主要在细胞器和细胞核中介导基因表达的多个方面起作用。在拟南芥中，发现参与叶绿体类囊体膜生物发生的特定基因剪接需要 PPR 蛋白 THA8L。在目前的研究中，共有 21 个编码 PPR 重复域包含蛋白的基因在 OsMRLK63-RNAi20 转基因植物中表达水平与 WT 中存在明显的差异，表明 OsMRLK63 作为质膜定位的包含 Malectin-like

结构域的类受体激酶，在水稻 RNA 拼接或编辑过程中也可能起着一定的功能。另一个大的蛋白家族是 ANK 重复域，它是在蛋白-蛋白相互作用中起重要作用的蛋白，并且已经在许多具有不同功能的蛋白质中被发现。在动物中，一些 ANK 蛋白，例如 Ankrd27，可能参与膜融合事件，作为 Rab 蛋白的鸟嘌呤交换因子（GEF）而起作用。在植物中，一些 ANK 基因是组织特异性表达的，它们的转录水平受到一系列植物激素和非生物胁迫处理的刺激，表明它们在植物生长发育和应激反应中发挥作用。与 WT 相比，OsMRLK63-RNAi20 植株中有 5 个 ANK 基因的表达发生了改变，说明这些ANKs 可能也参与了水稻 OsMRLK63 介导的生物学过程。考虑到 OsMRLK63 直接与 OsRacGEF1 相互作用，这些 ANKs 是否在 OsMRLK63 与 RacGEF 蛋白的相互作用中发挥作用还有待进一步研究。更有趣的是，超过 200 个蛋白激酶的基因在 *OsMRLK*63 基因沉默后表达水平存在显著差异，且多数表达下调。虽然现阶段我们还不清楚确切的含义，但很多蛋白激酶的基因的转录表达水平都受到 *OsMRLK*63 沉默的影响，提示 OsMRLK63 在植物信号转导中发挥着重要作用，因为大部分蛋白激酶在植物信号的接收和转导中发挥着重要作用。

有趣的是，一组编码 MAPK 级联反应相关蛋白和干旱胁迫相关蛋白的基因在 *OsMRLK*63 转基因植物中也表现出与 *OsMRLK*63 良好的协同表达模式（图 3-11，表 3-7），表明 OsMRLK63 介导的 ROS 生成和干旱胁迫响应过程可能涉及复杂的调控模块。在植物免疫中，许多研究表明 MAPK 级联在RLKs 信号转导中起关键作用，参与了多种防御反应的信号转导。依赖 Rbohs 的 ROS 的产生通常是 MAPK 级联信号的上游调节因子。在这里，RNA-seq 结果（表 3-7）和 qRT-PCR 分析（图 3-12）表明，在 OsMRLK63 介导的 ROS 产生和胁迫耐响应过程中，有许多 MAPK 级联信号蛋白以及一大类与胁迫功能相关蛋白的参与。OsMAPKK1-OsMAPK4 信号级联可能参与 OsMRLK63 介导的胁迫应答过程。

3.9　本章小结

综上所述，本研究报道了一个新的含有 Malectin-like 结构域的类受体激酶——OsMRLK63，该蛋白定位于细胞质膜。它在水稻孕穗期的各个组织中的表达量较高，它的转录水平受一些环境因素和植物激素的强烈影响。与WT 相比，OsMRLK63 的超表达转基因株系 OsMRLK63-OE 对干旱胁迫的耐受性增强，而 OsMRLK63 的沉默转基因株系 OsMRLK63-RNAi 对干旱胁迫的耐受性却明显减弱。在正常生长条件下，OsMRLK63-OE 体内会积累相对较多的 ROS，而 OsMRLK63-RNAi 体内 ROS 的水平则相对较低。OsMRLK63可以形成同源二聚体，并且发生自体磷酸化。同时 OsMRLK63 还可以与OsRacGEF1 和 OsRbohA 产生直接的相互作用，并且可以磷酸化 OsRbohA。推测当植物体遭受干旱等胁迫时，位于植物细胞膜上的模式识别受体OsMRLK63 会感知胞外环境中的胁迫信号分子，之后 OsMRLK63 会快速形成同源二聚体并发生自体磷酸化来激活自身，活化后的 OsMRLK63 具有激酶活性，可以与细胞内的 OsRacGEF1 发生互作，从而将胞外信号传递到胞内，实现信号的跨膜传递，OsRacGEF1 可以通过 OsRac1 来调节 OsRbohs 的活性，进而调节 ROS 的生成，同时 OsMRLK63 可以直接与 OsRbohA 互作并使 OsRbohA 发生磷酸化，以此来调节 ROS 的生成。我们推测当植物遭遇干旱等胁迫时，细胞内的 OsMRLK63-OsRacGEF1-OsRac1-OsRbohs 可能形成一个复合体，以此复合体来快速高效地调节植物体内 ROS 的生成，进而调节植物对干旱胁迫的耐受性。对 WT 和 OsMRLK63-RNAi20 株系的转录组测序结果进行分析，发现在 OsMRLK63 介导的信号通路中也可能有 MAPK级联反应和细胞快速碱化因子（RALFs）的参与。总之，OsMRLK63 可正向调节水稻对干旱胁迫的耐受性，主要通过 OsRbohs 来调节体内 ROS 的生成来起作用，同时 OsMRLK63 介导的水稻抗旱性可能涉及其他多种信号通路，

但具体细节还有待进一步研究，我们将 OsMRLK63 可能参与的信号通路进行了简要概括，结果如图 3-13 所示。

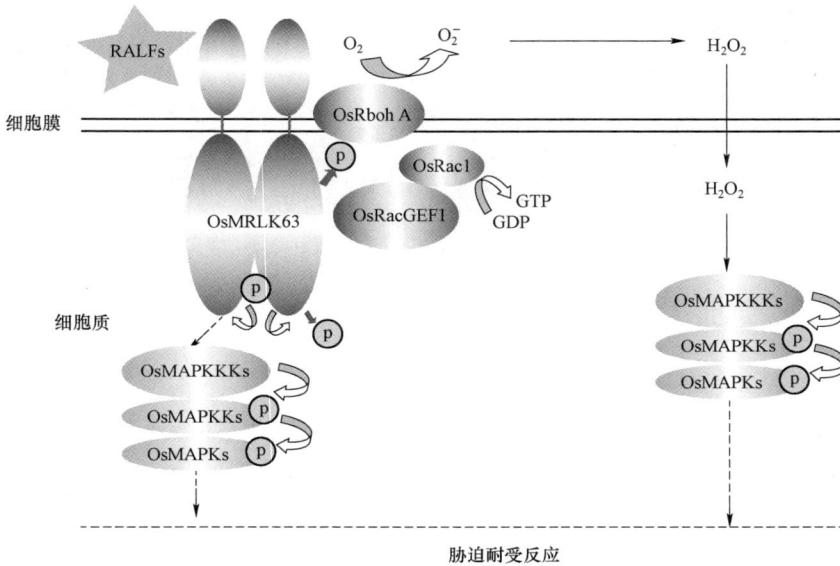

图 3-13　OsMRLK63 参与水稻干旱胁迫耐受性的机制图

第4章　水稻 OsMRLP15 参与干旱
胁迫的应答机制

　　RLPs 是一大类参与植物发育和免疫反应的蛋白质。迄今为止，大多数 RLPs 的功能都与植物对疾病的抵抗密切相关。第一个被鉴定的 RLP 基因是番茄基因 *cf*-9，该基因参与番茄对致病菌 *Cladosporium fulvum* 的抗病过程。继 *cf*-9 之后，陆续又在番茄中克隆了多个与植物抵抗 *Cladosporium fulvum* 相关的 *cf* 基因，并对其特征进行了研究。随后在番茄、拟南芥和苹果中也陆续发现了参与调节植物抵抗病原体的其他 RLPs。在番茄中，*Ve* 基因赋予抗黄萎病的种族特异性；LRR-RLPs ETHYLENE INDUCING XYLANASE 1（LeEIX1）和 ETHYLENE INDUCING XYLANASE 2（LeEIX 2）介导由乙烯诱导的对 *Trichoderma viride* 木聚糖酶的识别。在苹果中，*HcrVf*-2 赋予植物对 *Venturia inequalis* 的抗性。在拟南芥中，*ReMAX* 可以调节微生物相关分子模式 Xanthomonas 的 eMAX 的识别；FRO2 可以介导拟南芥对 *Fusarium oxysporum* 的专化型 *matthioli* 的抗性；AtRLP30 影响 *Pseudomonas syringae pv.Phaseolicola* 对寄主抵抗性的敏感性。

　　虽然大多数 RLPs 都与植物的抗病性有关，但也有研究表明一些 RLPs 也参与植株发育的调节。拟南芥中的 CLAVATA2（CLV2）对分生组织的发育至关重要，它在玉米中的同系物 FASCINATED EAR2（FEA2）也参与调

控植株地上部分分生组织的发育。拟南芥 TOO MANY MOUTHS（TMM）参与表皮气孔的分布。

　　本研究中我们实验室前期从水稻基因组中克隆到了一个中含 Malectin/malectin-like 结构域的类受体蛋白——OsMRLP15（LOC_09g19380）的基因。进一步研究发现该蛋白定位于内质网和细胞膜，主要在水稻叶片中表达，其转录水平受到多种植物激素和非生物胁迫的影响。*OsMRLP*15 过表达增强了植株对干旱胁迫的耐受性，沉默表达降低了植株对干旱胁迫的耐受性。进一步的实验表明，OsMRLP15 通过与 OsRacGEF1 相互作用，积极调控 ROS 的产生，从而促进植物的耐旱性。本研究结果为 MRLPs 蛋白参与调节植物对非生物胁迫的耐受提供了一种新的证据。

4.1　研究材料与方法

4.1.1　研究用植物材料

　　野生型水稻：*Oryza.Sativa L.spp.japonica var nipponbare*。

　　转基因水稻：OsMRLP15-OE38，OsMRLP15-OE40，OsMRLP15-OE41，OsMRLP15-RNAi43，OsMRLP15-RNAi54，OsMRLP15-RNAi55。

　　本氏烟草：*Nicotiana benthamiana*。

4.1.2　研究用菌株

　　大肠杆菌：Top10、BL21。

　　农杆菌：EHA105、GV3101。

　　酵母菌株：NMY51。

4.1.3　研究用载体

　　基因扩增测序载体：pMD-18T。

转基因植株构建载体：pCAMBIA1301-GUS，pK19T2。

亚细胞定位载体：pCAMBIA1301-GFP。

原核表达载体：pMAL-c2X，pET-15b。

酵母双杂交载体：pBT3-STE，pPR3-SUC，pGBKT7，pGADT7。

LUC 实验载体：JW771-nLUC，JW772-cLUC。

Co-IP 载体：pCAMBIA1300-cMyc，pCAMBIA1301-GFP。

BiFC 载体：pSPYNE（R）173，pSPYCE（M）。

4.1.4 总 RNA 的提取、cDNA 的合成、目的基因的扩增、qRT-PCR

具体实验方法同第 3 章。

4.1.5 亚细胞定位

具体实验方法同第 3 章。实验中需要构建的载体为 pCAMBIA1301-MRLP15-GFP。将含有 pCAMBIA1301-MRLP15-GFP 重组质粒的菌株和含有 pCAMBIA1301-AtCHS-mCherry 重组质粒的菌株（蒋元清老师提供，用作 ER-Maeker）及 P19 三个新鲜菌液 1:1:1 混合共同注射烟草叶片，观察两种重组蛋白在细胞内的荧光分布，确定是否为内质网定位；将含有 pCAMBIA1301-MRLP15-GFP 重组质粒的菌株和含有 pCAMBIA1301-AtCBL1n-mCherry 重组质粒（实验室保存，用作 PM-Marker）的菌株及 P19 三个新鲜菌液 1:1:1 混合共同注射烟草叶片，观察两种重组蛋白在细胞内的荧光分布，确定是否为膜定位。

4.1.6 组织特异性表达和诱导表达模式分析

植物材料的处理和样品的采集，以及具体实验过程参照第 3 章的实验方法。

4.1.7 转基因植株的获得

具体实验方法同第 3 章。实验中需要构建的载体有 *OsMRLP*15 的过表达

载体和 *OsMRLP*15 的 RNAi 载体，载体构建过程也参照第 3 章。获得的转基因幼苗先使用 GUS 染液定性鉴定转基因植株中表达载体是否表达，再通过 qPT-PCR 进行 *OsMRLP*15 表达量的定量鉴定。

4.1.8　酵母双杂交

具体实验方法同第 3 章。实验中需要构建的载体有 pBT3-STE-OsRacGEF1、pPR3-SUC-OsMRLP15、pGBKT7-OsMRLP15、pGADT7-OsRacGEF1（PRONE）。

4.1.9　LCI 实验

具体实验方法同第 3 章。实验中需要构建的载体有 JW771-nLUC-MRLP15 和 JW772-cLUC-OsRacGEF1。

4.1.10　Pull-down 实验

具体实验方法同第 3 章。实验中需要构建的载体有 pMAL-c2X-OsRacGEF1（带有 MBP 标签）和 pET-15b-MRLP15（带有 HIS 标签）。

4.1.11　Co-IP 实验

具体实验方法同第 3 章。实验中需要构建的载体有 p1300-cMyc-OsRacGEF1 和 pCAMBIA1301-MRLP15-GFP（与亚细胞定位载体相同）。

4.1.12　植物材料的种植、农艺形状的获得和干旱胁迫处理

具体实验方法同第 3 章。

4.1.13　ROS 含量的检测和定量测定

具体实验方法同第 3 章。

4.1.14　OsMRLP15 互作蛋白的筛选与鉴定

具体实验方法同第 3 章。

4.1.15　BiFC 系统验证互作

实验中需要构建的载体有 pSPYNE-OsMRLP15，pSPYCE-OsXCP2 和 pSPYCE-GAT1。注射烟草叶片时，将含有 pSPYNE-OsMRLP15 和 pSPYCE-OsXCP2 质粒的菌株以及 P19 三个新鲜菌液按 1:1:1 混合后共同注射烟草叶片，以便检测 pSPYNE-OsMRLP15 和 pSPYCE-OsXCP2 的互作；将含有 pSPYNE-OsMRLP15 和 pSPYCE-OsGAT1 质粒的菌株以及 P19 三个新鲜菌液按 1:1:1 混合后共同注射烟草叶片，以便检测 pSPYNE-OsMRLP15 和 pSPYCE-OsGAT1 的互作。注射后的烟草培养 3 天，采集叶片酶解为原生质体，置于激光共聚焦显微镜下观察。

4.1.16　RNA-seq

该实验材料选取生长于西北农林科技大学试验田的处于分蘖期的 WT 和 OsMRLP15-RNAi54 的水稻叶片，交由江苏金唯智生物科技有限公司代为完成。

4.1.17　数据分析

具体实验方法同第 3 章。

4.2　OsMRLP15 基因的克隆及表达谱分析

4.2.1　OsMRLP15 基因的克隆、结构域分析及序列同源性分析

实验室前期克隆到了一个水稻基因（LOC_09g19380）的 CDS 序列，该基因全长 ORF 为 885 bp，可编码 294 kD 氨基酸。对该氨基酸序列进行分析，我们发现该蛋白的相对分子质量为 32.966 8 kD，相对等电点 5.73，属于酸性

氨基酸。

我们通过 SMART 软件对其蛋白质的结构域进行预测，发现它仅含一个典型的 Malectin-like 结构域。由于在草莓中也鉴定到了一些仅含有一个 Malectin/malectin-like 结构域的蛋白，他们是细胞内一类特殊的蛋白。因此，我们认为它是一个含有 Malectin-like 结构域的特殊蛋白。根据第 2 章对 OsMP 家族蛋白的全基因组鉴定和命名，它的名称为 OsMRLP15。

4.2.2 OsMRLP15 基因的组织特异性表达模式及其对胁迫的响应模式

根据数据库提供的序列，设计 PT-RCR 引物，通过 qPT-RCR 方法检测 *OsMRLP*15 在水稻不同发育阶段的各个组织中的转录水平。如图 4-1 所示，*OsMRLP*15 在水稻整个生命周期的各个组织几乎都有表达，例如幼苗期、分蘖期、孕穗期和抽穗期均可检测到 *OsMRLP*15 的转录。但是在水稻不同发育阶段的不同组织中，*OsMRLP*15 的转录水平的确存在着差异，例如 *OsMRLP*15 在愈伤、幼穗和受精之前的穗中的表达量均相对较低，但在各个时期的叶片中的表达量却相对较高，相对于其他组织，*OsMRLP*15 是在幼苗期的叶片中

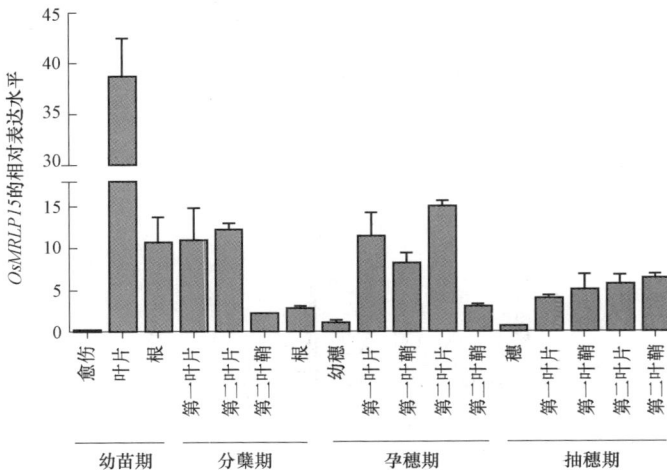

图 4-1 *OsMRLP*15 在不同组织中的表达模式

在不同发育阶段采集标本，通过 qRT-PCR 进行分析。*X* 轴表示组织。*Y* 轴表示各组织中 *OsMRLP*15 的相对表达水平。误差条表示三个独立的 qRT-PCR 生物学重复的标准差

的表达量非常的高。由此可见，$OsMRLP15$ 在水稻的生长和组织器官发育过程中可能起一定作用。

进一步对 $OsMRLP15$ 对胁迫的响应模式进行了分析，包括外源激素诱导和非生物胁迫。如图 4-2A 所示，施加外源植物激素脱落酸（ABA）、水杨酸（SA）、赤霉素（GA）和甲基茉莉酸（MeJA）可显著提高 $OsMRLP15$ 的转录水平。在施加外源植物激素 ABA 后，$OsMRLP15$ 的转录水平在 6 h 时达到最高，高达 14 倍之多。施加外源激素 SA 也可显著提高 $OsMRLP15$ 的转录水平。$OsMRLP15$ 基因的表达也可被一系列的非生物胁迫的显著影响，例如渗透胁迫（20%PEG-6000），盐胁迫（200 mmol/L 氯化钠），氧化应激（甲基紫罗碱，MV，15 μmol/L）、低温胁迫（4 ℃）和高温胁迫（40 ℃）。结果如图 4-2B 所示，渗透胁迫、盐胁迫和低温胁迫下，$OsMRLP15$ 的转录水平随着处理时间的延长缓慢提升，在 3～6 h 达到最高，随后开始下降，说明植物体在 $OsMRLP15$ 的作用下已适应了胁迫，生长状态开始恢复平稳。在氧化应激下，$OsMRLP15$ 的转录水平在 1 h 内迅速升高，随后在 1～3 h 之内又快速恢复至低水平，说明 $OsMRLP15$ 在很大程度上参与了植物体的氧化应激过程，且在氧化应激过程中起着重要的作用。在高温胁迫后 $OsMRLP15$ 的转录水平呈现持续的增高，且高达几百倍之多，说明 $OsMRLP15$ 在高温胁迫之后已不能很好地调节自身的转录水平，几乎呈现失控状态。

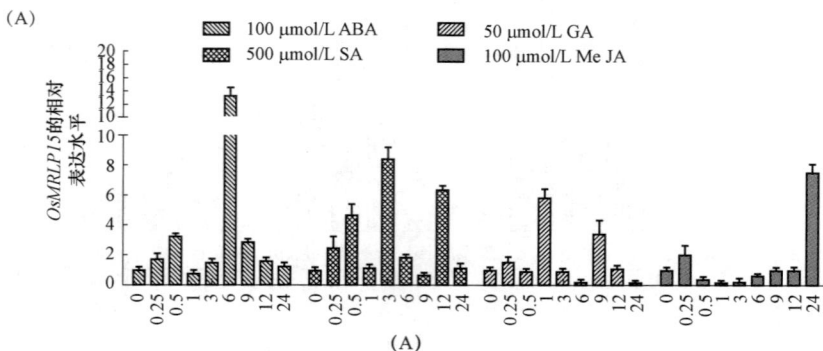

图 4-2　$OsMRLP15$ 在响应外源激素处理和非生物胁迫的转录模式分析

（A）外源激素处理后 $OsMRLP15$ 的转录模式

(B)

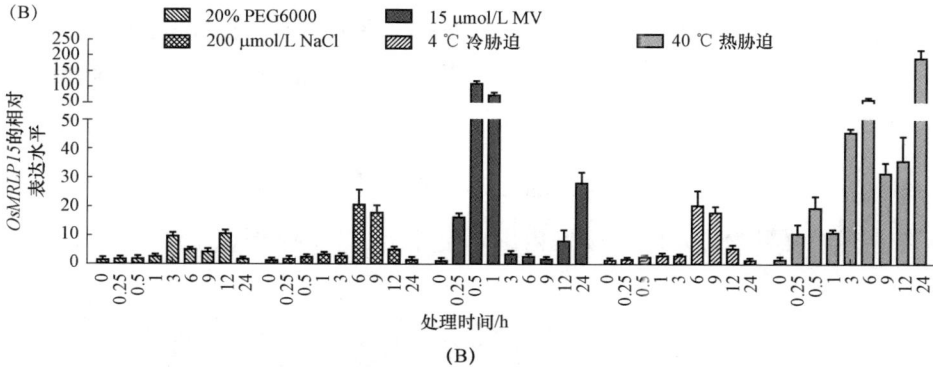

图 4-2　*OsMRLP*15 在响应外源激素处理和非生物胁迫的转录模式分析（续）

（B）在非生物胁迫下 *OsMRLP*15 的转录模式

采用 qRT-PCR 技术分析了不同激素处理和非生物胁迫下 *OsMRLP*15 的相对表达水平，包括 ABA（100 μmol/L），SA（500 μmol/L），GA（50 μmol/L），MeJA（100 μmol/L）和脱水（20%PEG-6000），盐胁迫（200 mmol/L NaCl），氧化胁迫（15 μmol/L MV），冷害（4 ℃），热害（40 ℃），采用两周龄幼苗进行处理。X 轴表示不同的处理。Y 轴为不同处理时间点 *OsMRLP*15 的相对表达水平，误差条为三个独立的 qRT-PCR 生物学重复的标准差。小写字母（a～e）表示差异显著（$p < 0.05$）

4.3　OsMRLP15 蛋白的亚细胞定位分析

我们对 OsMRLP15 的蛋白结构域进行了预测，发现 OsMRLP15 仅含一个典型的 Malectin-like 结构域，对其亚细胞定位进行预测，得出它有可能定位于内质网，这与动物细胞内 Malectin 家族蛋白的亚细胞定位相似，因此我们根据预测对其的亚细胞进行了分析。我们将携带有重组质粒 pCAMBIA1301-MRLP15-GFP 的菌株和携带有内质网定位 marker AtCHS 重组质粒 pCAMBIA1301-AtCHS-mCherry 的菌株 P19 三个新鲜菌液 1:1:1 混合共同注射烟草叶片，培养之后进行观察，发现重组蛋白 MRLP15-GFP 和重组蛋白 AtCHS-mCherry 的荧光信号能够很好地重合，因为 AtCHS 是内质网定位的 marker 蛋白，因此得出结论：OsMRLP15 定位于内质网。但实验发现 OsMRLP15 的信号除了分布于内质网之外，在细胞膜上也有零散地分布（图 4-3）。为了进一步确定 OsMRLP15 是否也存在于细胞膜上，我们将携带

有重组质粒 pCAMBIA1301-MRLP15-GFP 的菌株和携带膜 marker AtCBL1n 的重组质粒 pCAMBIA1301-AtCBL1n-mCherry 的菌株 P19 三个新鲜菌液 1:1:1 混合共同注射烟草叶片，培养之后进行观察，发现重组蛋白 MRLP15-GFP 和重组蛋白 AtCBL1n-mCherry 的荧光信号能够在质膜处有部分重合（图 4-3），说明 MRLP15 在细胞内主要定位于内质网，但在质膜处也有分布。

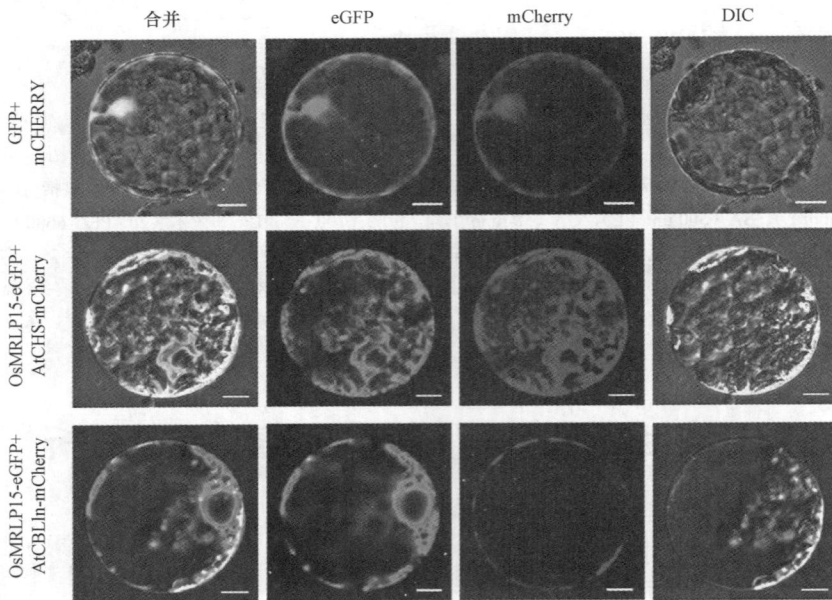

图 4-3　OsMRLP15 的亚细胞定位分析

AtCBL1n-mCherry 作为质膜蛋白定位的标记物，AtCHS-mcherry 作为内质网蛋白定位的标记物。

Bars＝10 μm

4.4　OsMRLP15 的表达影响植物的生长和产量

4.4.1　OsMRLP15 转基因株系的创制及鉴定

通过遗传转化的方法共获得待鉴定的 42 个过表达（Over Expression，

OE）*OsMRLP*15 的转基因幼苗（OsMRLP15-OE）和 25 个沉默表达（RNA interference，RNAi）*OsMRLP*15 的转基因幼苗（OsMRLP15-RNAi）。用 GUS 染色方法对这些转基因幼苗进行初步鉴定，得到 26 个 OsMRLP15-OE 的转基因幼苗和 15 个 OsMRLP15RNAi 的转基因幼苗。用 qRT-PCR 方法进一步鉴定，筛选过表达或沉默效果比较好的株系，得到 11 个 OsMRLP15-OE 的转基因幼苗和 7 个 OsMRLP15-OE 的转基因幼苗。将这些株系种植于田间，逐年种植时都进行鉴定，等到 T2 代时筛选 3 个稳定遗传的 OsMRLP15-OE 株系和 3 个稳定遗传的 OsMRLP15-RNAi 株系，我们将三个 OsMRLP15-OE 株系分别命名为 OsMRLP15-OE38、OsMRLP15-OE40 和 OsMRLP15-OE41，将 3 个稳定遗传的 OsMRLP15-RNAi 株系分别命名为 OsMRLP15-RNAi43、OsMRLP15-RNAi54 和 OsMRLP15-RNAi55，如图 4-4A、图 4-4C 所示。

4.4.2　OsMRLP15 转基因株系的农艺性状分析

对生长于田间的水稻野生型 WT 和 T2 代的 *OsMRLP*15 的转基因株系 OsMRLP15-OE38、OsMRLP15-OE40、OsMRLP15-OE41、OsMRLP15-RNAi43、OsMRLP15-RNAi54、OsMRLP15-RNAi55 的农艺性状进行了分析。结果如图 4-4 所示：相对于野生型而言，*OsMRLP*15 的过表达转基因株系 OsMRLP15-OE38、OsMRLP15-OE40 和 OsMRLP15-OE41 的株高相对较低（图 4-4D），分蘖数相对较多（图 4-4E）；而 *OsMRLP*15 的 RNAi 的转基因株系 OsMRLP15-RNAi43、OsMRLP15-RNAi54 和 OsMRLP15-RNAi55 的株高相对较高（图 4-4D），分蘖数却明显减少（图 4-4E）。各株系的千粒重（图 4-4I）和结实率（图 4-4G）几乎没有差别，但相对于野生型而言，*OsMRLP*15 的 RNAi 的转基因株系 OsMRLP15-RNAi43、OsMRLP15-RNAi54 和 OsMRLP15-RNAi55 的穗长（图 4-4H）、穗重（图 4-4J）、每一穗上的种子数（图 4-4F）以及穗子的枝梗数（图 4-4K）却明显增加，而 *OsMRLP*15 的过表达转基因株系 OsMRLP15-OE38，OsMRLP15-OE40 和 OsMRLP15-OE41 的穗长、穗重、每一穗上的种子数以及穗子的枝梗数与野生型差异不大。

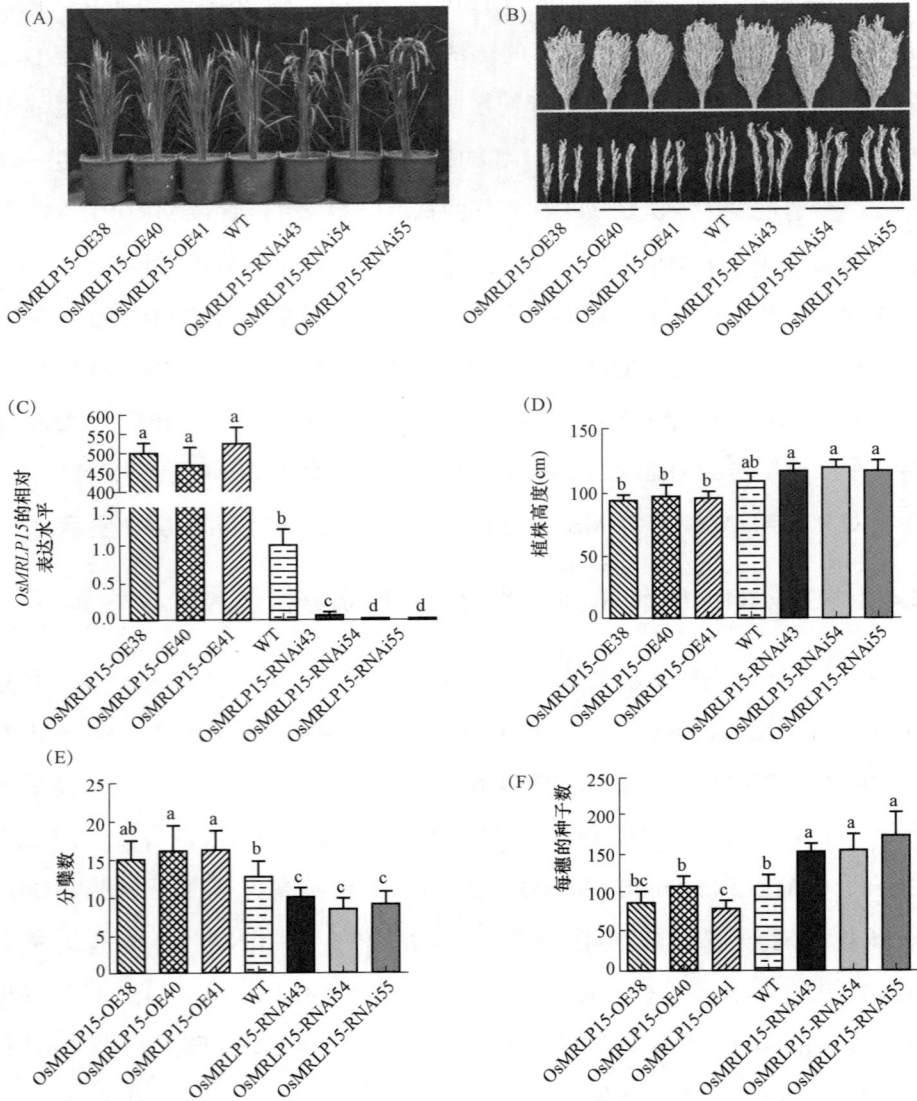

图 4-4　*OsMRLP*15 转基因植物的形态特征及其农艺性状统计

（A）野生型（WT，*cv.Nipponbare*）和 *OsMRLP*15 过表达（OE）植株或 RNA 干扰（RNAi）转基因沉默植株的总体形态学特征。（B）不同株系的穗子的形态，上图为 20 个穗子捆绑在一起的形态。（C）不同株系中 *OsMRLP*15 的转录水平。（D）抽穗期植株高度。（E）不同株系分蘖数。F 为 WT 与 *OsMRLP*15 转基因植株产量相关参数。在农艺性状测定方面，至少用 20 株植物进行计算。用不同字母标注的条形图表示的值根据单因素方差分析有显著差异（$p \leqslant 0.05$）

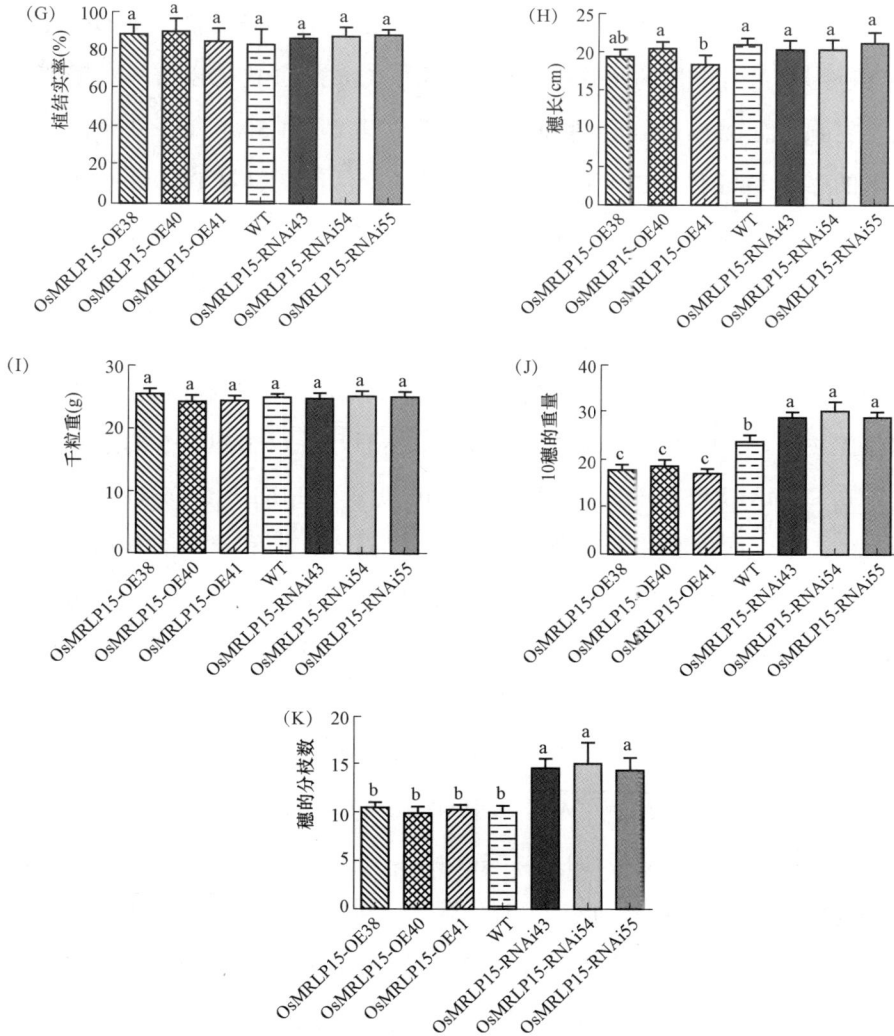

图 4-4　*OsMRLP*15 转基因植物的形态特征及其农艺性状统计（续）
G-K 为 WT 与 *OsMRLP*15 转基因植株产量相关参数。在农艺性状测定方面，至少用 20 株植物进行计算。
用不同字母标注的条形图表示的值根据单因素方差分析有显著差异（$p \leqslant 0.05$）

4.5　OsMRLP15 参与水稻耐旱性和 ROS 产量的调节

由于 *OsMRLP*15 各转基因株系在田间农艺性状上的差异，结合

127

$OsMRLP$15 基因在应激响应过程中的表达模式，我们随后检测了 $OsMRLP$15 各转基因株系对干旱的耐受性。结果显示：OsMRLP15-OE 植株对干旱的耐受性更强，而 RNAi 植株对胁迫的敏感性更强（图 4-5A）。OE 株系在干旱条件下的存活率高于 WT 株系，RNAi 株系的存活率低于 WT 株系（图 4-5B）。进一步研究 $OsMRLP$15 各转基因株系之间的叶片下表皮的气孔特点，结果显示：与野生型相比，OsMRLP15-RNAi 各个株系在单位面积上拥有更多数量的气孔（图 4-5C）和更高的气孔张开比例（图 4-5D），暗示 OsMRLP15-RNAi 各个株系在生长环境良好的情况下能更加有效地进行光合作用，更加高效地积累生物质，因此植株的株高相对较高。然而，而 $OsMRLP$15 的过表达转基因株系 OsMRLP15-OE38、OsMRLP15-OE40 和 OsMRLP15-OE41 相对于 WT 而言，在单位面积上拥有较少数量的气孔（图 4-5C）和更低的气孔张开比例（图 4-5D），这意味着在干旱胁迫条件下，相对于 OsMRLP15-OE 各株系而言，OsMRLP15-RNAi 各个株系对水分的保持能力相对较弱，因此 OsMRLP15-RNAi 各个株系对干旱的耐受性降低。

此外，我们发现，即使在正常生长条件下，OsMRLP15-OE 植株的 ROS（H_2O_2 和 O^{2-}）产量也高于 WT，但 OsMRLP15-RNAi 植株的 ROS（H_2O_2 和 O^{2-}）产量明显低于 WT。如图 4-5E 所示，通过 NBT 染色和 DAB 染色，可以分别检测植株内 H_2O_2 和 O^{2-} 的释放水平。图 4-5E 显示，OsMRLP15-OE 植株的叶片染色程度明显高于 OsMRLP15-RNAi 植株，表明 OsMRLP15-OE 植株体内 H_2O_2 和 O^{2-} 的生成量较大。化学计量分析结果进一步表明，在干旱胁迫条件下，OsMRLP15-OE 植株的叶片 H_2O_2 和 O^{2-} 的生成量均高于 OsMRLP15-RNAi 植株（图 4-5F）。此外，用 H_2DCF-DA 检测各个株系细胞内的 ROS 含量，发现 OsMRLP15-OE 植株细胞内 ROS 水平高于 OsMRLP15-RNAi 植株。从（图 4-5G）中可以看出，与 OsMRLP15-RNAi 植物相比，OsMRLP15-OE 株系分离的原生质体细胞中 H_2DCF-DA 染色后的荧光较强。这些结果表明，OsMRLP15 参与水稻的抗旱性的调节，该功能可能是通过参与调控 ROS 的生成而起作用。

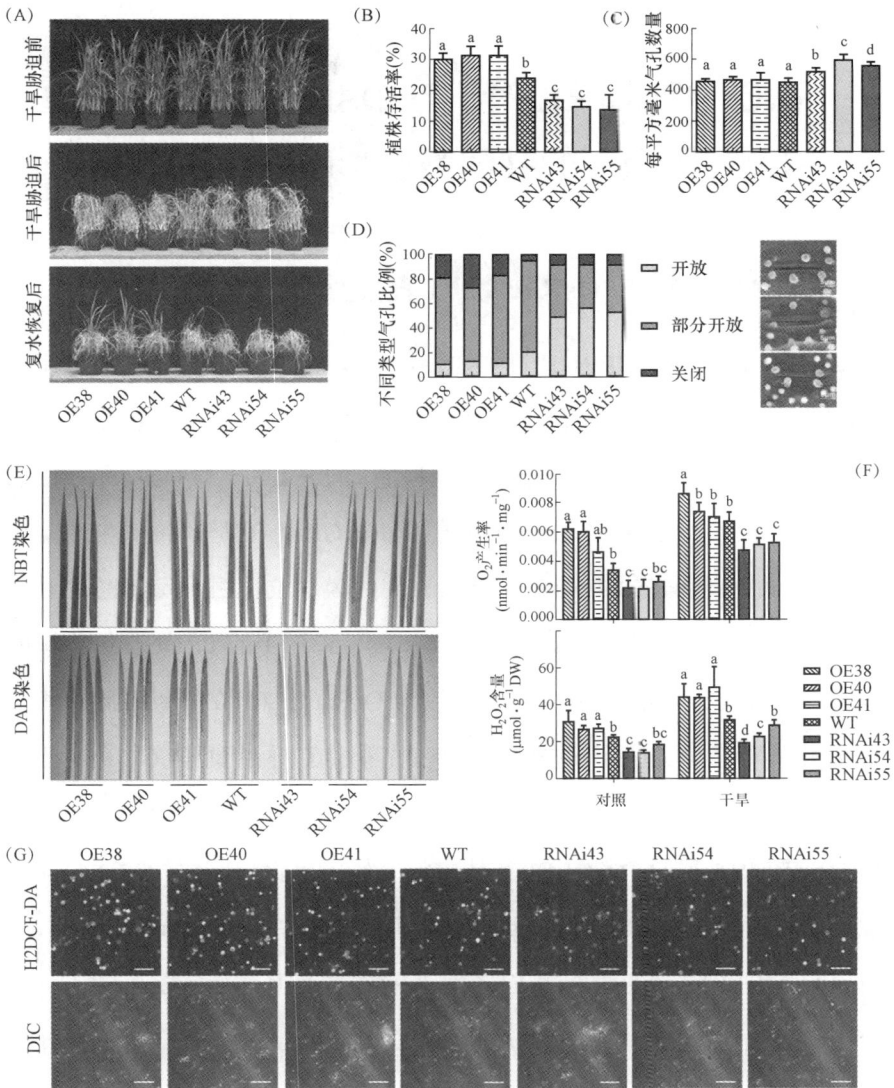

图 4-5 *OsMRLP*15 各转基因株系的耐旱性分析和植株体内 ROS 含量的差异分析

（A）野生型（WT）、*OsMRLP*15 过表达（OE）和 RNA 干扰（RNAi）植株在干旱处理前的表型（上层），不浇水 5 天（中层），再浇水 14 天（下层）。（B）*OsMRLP*15 转基因植物不同株系的存活率。数据为三个独立生物学重复的平均值±标准差。（C）不同株系间旗叶背面表皮气孔器的数量。在 30 张不同叶片的显微照片中，每一个株系至少计算出 2000 个气孔。（D）不同株系间旗叶背面表皮不同气孔孔数的百分比。对于每种类型的植物，统计出至少 500 个来自不同植物叶片的气孔。（E）正常生长条件下 *OsMRLP*15 转基因植株叶片的 H_2O_2 和 O_2^- 组织化学分析。H_2O_2 组织化学检测为 1%的 3，3'-二氨基苯胺（DAB）染色后叶片中 H_2O_2 的存在，而 O_2^- 组织化学检测为 0.1%的硝基蓝四唑（NBT）染色后叶片中 O_2^- 的存在。（F）OsMRLP15-各转基因植物在正常生长条件下和干旱胁迫条件下叶子中 H_2O_2 的含量（$\mu mol\ g^{-1}$ DW 级）和 O_2^- 的含量（nmol 最低为 1 mg^{-1} 蛋白质）的测定值。采用 6 周龄植株的叶片进行测定。（G）从各个株系分离的原生质体中 ROS 水平的可视化分析。用 H_2DCF-DA 荧光法检测胞质 ROS。

4.6 OsMRLP15 与 OsRacGEF1 或 OsRbohA 的共同表达影响 ROS 产量

4.6.1 OsMRLP15 与 OsRacGEF1 直接互作

众所周知，OsRacGEF1 通过 OsRac1 参与 OsRbohs 对 ROS 的产量的调节，因此我们检测 OsRacGEF1 是否也参与 OsMRLP15 介导的 ROS 生成。首先，我们利用泛素分裂酵母双杂交实验检测 OsMRLP15 与 OsRacGEF1 的相互作用，结果显示 OsMRLP15 可以与 OsRacGEF1 在酵母细胞中相互作用（图 4-6B）。由于 OsRacGEF1 是位于内质网的膜锚定蛋白，我们也利用 Y2H Gold 酵母双杂交实验检测 OsMRLP15 与 OsRacGEF1 的 PRONE 结构域的相互作用，结果同样显示 OsMRLP15 可以与 OsRacGEF1 在酵母细胞中相互作用（结果未列出）。随后，进行萤火虫萤光素酶互补显像（LCU）实验，再次检测 OsMRLP15 与 OsRacGEF1 的相互作用，结果如（图 4-6C），进一步说明 OsMRLP15 与 OsRacGEF1 在体内相互作用。随后，体外与体内互作也通过 Pull-down 和 Co-IP 实验得到进一步得到验证。通过 MBP-pull down 实验明确 OsMRLP15 与 OsRacGEF1 在体外存在的相互作用（图 4-6A）。Co-IP 实验进一步表明，在烟草叶片中，重组蛋白 OsRacGEF1-cMyc 可以免疫沉淀重组蛋白 OsMRLP15-eGFP，表明 OsMRLP15 与 OsRacGEF1-cmyc 在体内也存在着相互作用（图 4-6D）。此外，我们发现 OsMRLP15 和 OsRacGEF1 在细胞中有良好的共定位，荧光信号在烟草表皮细胞和原生质体中均有良好的重叠（图 4-7A）。然而，由于 OsRacGEF1 在 OsMRLP15-RNAi 转基因植株中的位置与 WT 相比没有变化，因此，OsMRLP15 缺失似乎并不影响 OsRacGEF1 的亚细胞定位（图 4-7B）。

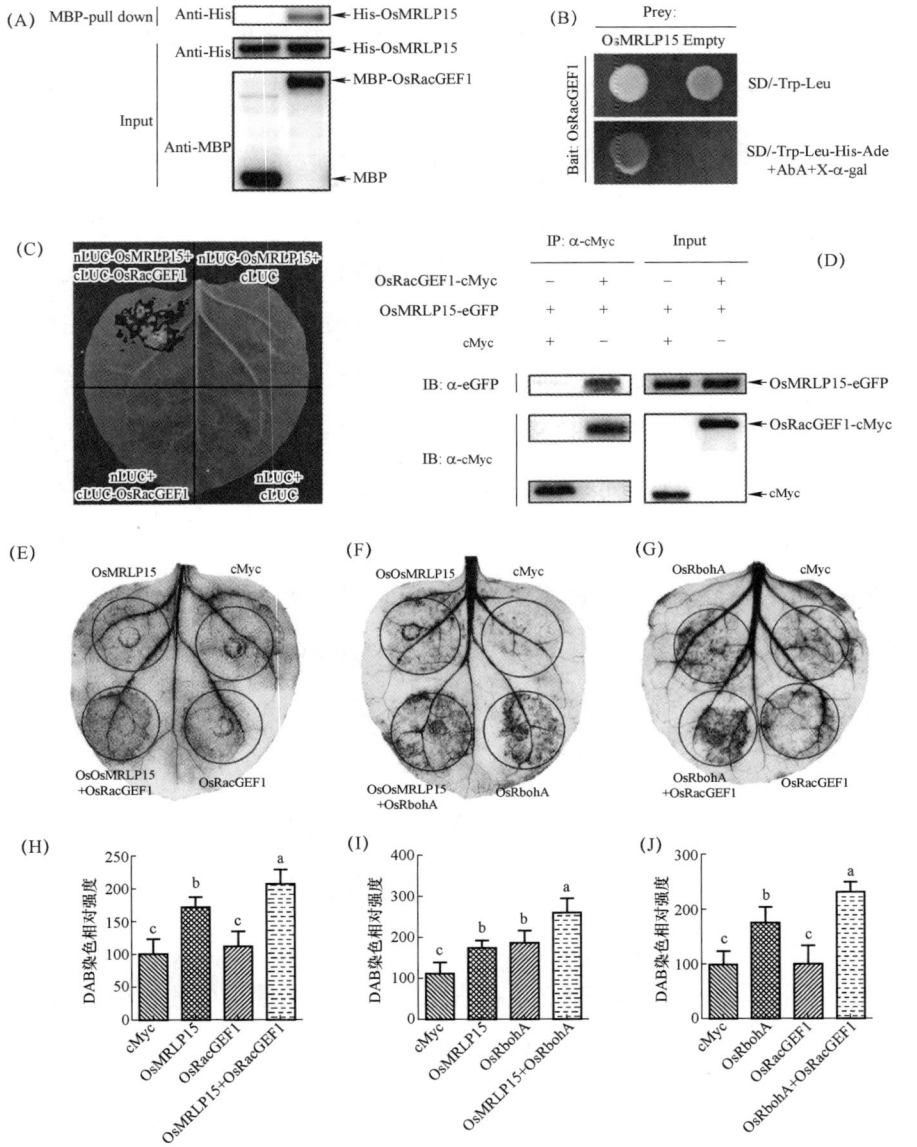

图 4-6　OsMRLP15 和 OsRacGEF1 的互作及共表达分析

（A）MBP-pull down 实验，检测 OsMRLP15 与 OsRacGEF1 的体外互作；（B）酵母双杂交实验，检测 OsMRLP15 与 OsRacGEF1 的互作；（C）LCI 实验，检测 OsMRLP15 与 OsRacGEF1 的互作；（D）Co-IP 实验，检测 OsMRLP15 与 OsRacGEF1 的体内互作。（E，H）OsMRLP15 和 OsRacGEF1 共表达分析；（F，I）OsMRLP15 和 OsRbohA 共表达分析；（G，J）OsRacGEF1 和 OsRbohA 共表达分析。分别用 cMyc、OsMRLP15、OsRacGEF1、OsRbohA 以及它们的不同组合注射烟草叶片后，用 3,3′-二氨基联苯胺（DAB）对烟草叶片进行染色。根据对照 cMyc 染色强度计算各注射孔附近烟草叶片 DAB 原位 ROS 染色强度。用不同字母标注的条形图表示的值根据单因素方差分析有显著差异（$p \leqslant 0.05$）

4.6.2 OsMRLP15 与 OsRacGEF1 或 OsRbohA 的共同表达促进 ROS 的产生

进一步，我们利用烟草叶片瞬时共同表达系统检测 OsMRLP15 与 OsRacGEF1 的相互作用是否影响 ROS 的产生。如图 4-6E、图 4-6H 所示，与单独表达相比，OsMRLP15 和 OsRacGEF1 的瞬时共同表达大大提高了烟草叶片中 ROS 的产生，说明 OsMRLP15 和 OsRacGEF1 的相互作用正向调控 ROS 的产生。由于 OsMRLP15 超表达增强植物的抗旱性与 ROS 有关，因此我们检测了 OsMRLP15 与 Rbohs 家族成员之一 OsRbohA 瞬时共同表达时 ROS 的产生情况。如图 4-6F、图 4-6G 所示，与单独表达相比，OsMRLP15 和 OsRbohA 的瞬时共同表达显著提高了烟草叶片中 ROS 的产生。如预期，OsRacGEF1 和 OsRabohA 的瞬时共同表达也显著增加了烟草叶片中 ROS 的产生（图 4-6G、图 4-6J）。这些结果强烈提示 OsMRLP15 可能通过 OsRacGEF1 介导的水稻 OsRbohA 的活化来积极调控 ROS 的产生。

4.7 OsMRLP15 的下调影响植物抗逆相关基因的表达

为了进一步了解 OsMRLP15 在水稻发育和逆境胁迫中的作用，我们进行了 RNA-seq 实验，鉴定了 OsMRLP15 在水稻中被沉默时的发生差异表达的基因。结果显示：与 WT 相比，OsMRLP15-RNAi54 植株中共有 7 463 个基因存在差异表达（未列出）。与 WT 相比，RNAi54 植株中 3 293 个基因上调，4 170 个基因下调（图 4-7A）。GO 分析表明，大多数富集的 GO 项目与催化活性、细胞成分和代谢过程有关（图 4-7B）。与 WT 相比，OsMRLP15-RNAi54 植株中与 ATPases 或 GTPases 相关的 40 个基因有差异表达。另外，与 WT 相比，与 Pentatricopeptide repeat（PPR）结构域包含蛋白相关的 56 个基因，

以及与 Ankyrin repeat（ANK）结构域包含蛋白相关的 15 个基因在 OsMRLP15-RNAi54 株系中也有很大的差异表达。值得注意的是，OsMRLP15-RNAi54 植物中编码快速碱化因子（RALFs）的一组基因（13 个）的转录水平与 WT 相比也有很大差异。更值得关注的是，"蛋白激酶"中有 170 多个差异表达基因，其中凝集素样蛋白激酶 24 个，与细胞壁相关的受体激酶 12 个，应激活化蛋白激酶 6 个，其他的类受体蛋白激酶 129 个。

有趣的是，我们发现，与 WT 相比，在 OsMRLP15-RNAi54 植株中编码这几组蛋白质，如 Rbohs、Rop/Rac 相关蛋白（Racs），鸟嘌呤核苷酸交换因子（GEFs），促分裂原活化蛋白激酶（MAPK）级联反应相关蛋白和干旱胁迫相关的蛋白质（表 4-1）的基因的转录水平大幅下调。在此基础上，我们采用 qRT-PCR 进一步分析了 OsRbohs，OsRacGEFs，OsRacs 和 OsMAPK 级联家族基因在 OsMRLP15-OE 和 OsMRLP15-RNAi 纯基因植株中的转录模式。结果如图 4-7C 所示，几乎所有的 OsRbohs 基因在 OsMRLP15-OE 植株中上调，而在 OsMRLP15-RNAi 植株中下调，尤其是 OsRbohA、OsRbohC，OsRbohF 和 OsRbohI，与 OsMRLP15 的协同表达情况非常好。在 OsRacGEFs 家族基因中也观察到类似的结果。其中 OsRacGEF1，OsRacGEF4，OsRacGEF6，OsRacGEF8 和 OsRacGEF11 在转基因植株中与 OsMRLP15 的表达有较好的协同性。然而，在 OsRacs 家族基因中，只有 OsRac2 在 OsMRLP15 所有转基因株系中均表现出良好的协同表达模式，而在所有 OsMRLP15-RNAi 株系中，OsRac1，OsRac3，OsRac6 和 OsRac7 等家族基因均显著下调。有趣的是，一组 MAPK 级联反应相关蛋白的基因也表现出与 OsMRLP15 良好的协同表达谱。4 个 MAPKKKs（MAPKKK1，MAPKKK2，MAPKKK3 以及 MAPKKK24）、一个 MAPKK（OsMAPK1）以及一个 MAPK（OsMAPK4）在 OsMRLP15 的表达中表现出很好的共同表达转录谱（图 4-7C），提示一个 OsMAPKKK1/2/4/24-OsMAPKK1-OsMAPK4 信号级联可能参与了 OsMRLP15 介导的过程。

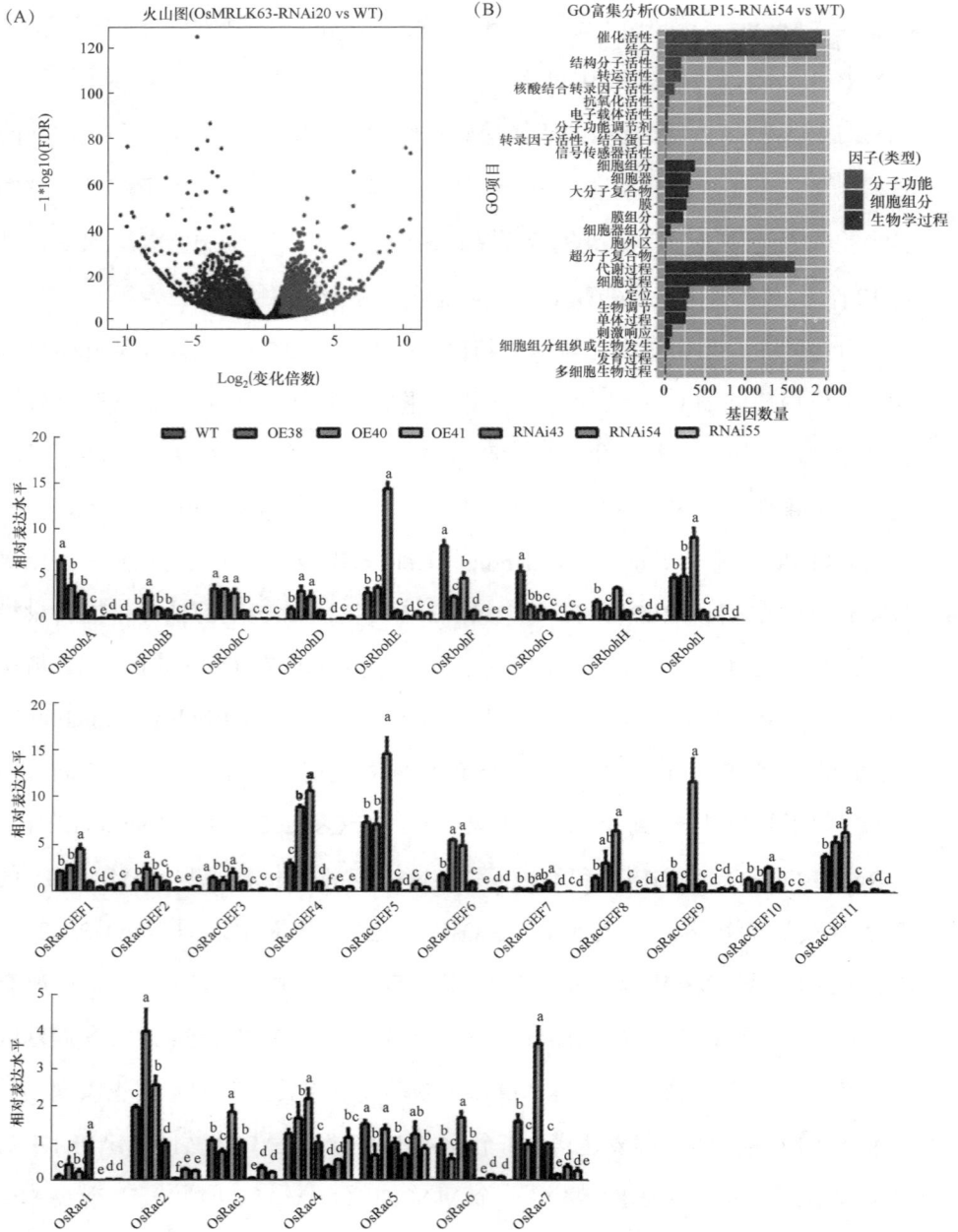

图 4-7　OsMRLP15 转基因植株与 WT 差异表达基因的转录谱分析

（A）OsMRLP15-RNAi54 与 WT 间差异表达基因表达模式的比较，红点表示上调的差异表达基因，蓝点表示下调的差异表达基因，黑点代表的基因没有显著差异。以 $\log_2$（变化倍数）>1 和 q<0.005 为阈值，鉴定差异表达显著的基因。（B）具有差异表达基因的显著富集 GO 聚类分析。结果归纳为三大类：生物过程、细胞成分和分子功能。星号（*）表示丰富的 GO 富集项。

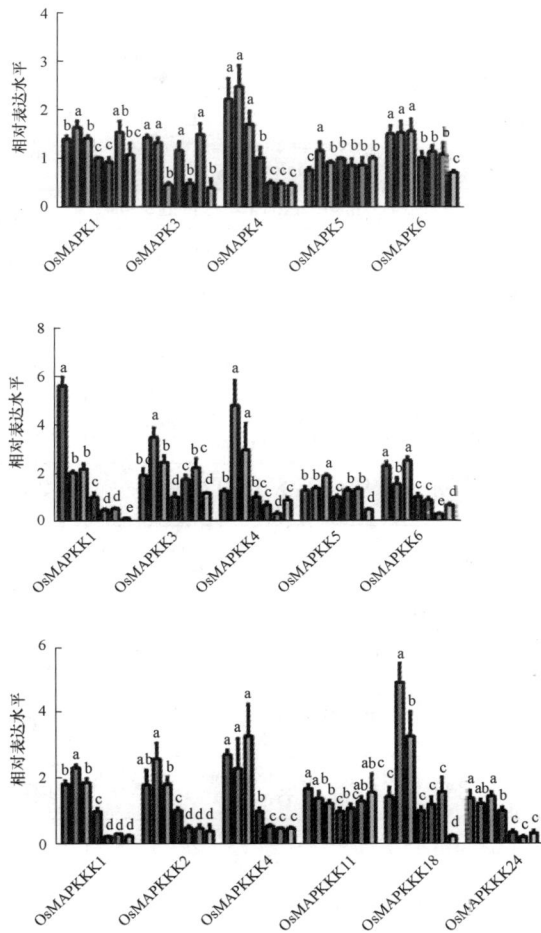

图 4-7　OsMRLP15 转基因植株与 WT 差异表达基因的转录谱分析（续）

（C-H）用 qRT-PCR 分析了几种蛋白家族基因的转录表达谱。表达量归一化为内源对照 *OsActin*1。误差条
表示三次重复的 SD，不同字母标注的条表示单因素方差分析差异显著（$p \leqslant 0.05$）

表 4-1　OsMRLP15-RNAi54 转基因植株中与 WT 转录水平发生差异的部分基因

RAP 登录号	MSU 登录号	基因功能描述	变化倍数	p 值	表达量变化
编码呼吸爆发氧化酶同源物的基因					
Os08g0453766	LOC_Os08g35210	Rice respiratory burst oxidase homolog，OsrbohE；Osrboh6	7.916 8	1.55E-08	Down
Os09g0438000	LOC_Os09g26660	Rice respiratory burst oxidase homolog，OsrbohB；Osrboh7	5.161 7	8.83E-10	Down
Os01g0734200	LOC_Os01g53294	Rice respiratory burst oxidase homolog，OsrbohA；Osrboh2	4.066 3	1.41E-06	Down

RAP 登录号	MSU 登录号	基因功能描述	变化倍数	p 值	表达量变化
Os01g0360200	LOC_Os01g25820	Rice respiratory burst oxidase homolog，Osrboh1	2.592 1	7.01E-05	Down
GeneencodingRop/Racassociatedproteins					
Os01g0757600	LOC_Os01g55280	OsRac5 partner；The myosin heavy chain-coding gene	2.446 1	2.25E-04	Down
编码鸟嘌呤核苷酸交换因子的基因					
Os04g0559100	LOC_Os04g47170	ATROPGEF7/ROPGEF7，putative，expressed	5.159 5	8.51E-06	Down
Os10g0550300	LOC_Os10g40270	ATROPGEF7/ROPGEF7，putative，expressed	5.023 1	1.67E-02	Down
Os02g0702600	LOC_Os02g47420	ATROPGEF7/ROPGEF7，putative，expressed	4.845 8	3.31E-04	Down
Os5g0454200	LOC_Os05g38000	Guanine nucleotide exchange factor，OsRopGEF10	4.644 5	1.34E-02	Down
编码有丝分裂原活化蛋白激酶的基因					
Os01g0629900	LOC_Os01g43910	Mitogen-activated protein kinase，OsMPK20-1	3.843 5	1.99E-08	Down
Os06g0699400	LOC_Os06g48590	Mitogen-activated protein kinase，OsMPK4	2.084 3	9.20E-05	Down
Os05g0566400	LOC_Os05g49140	Mitogen-activated protein kinase，OsMPK7	2.012 2	2.08E-03	Down
Os06g0724900	LOC_Os06g50920	Mitogen-activated protein kinase kinase kinase，ILA1	3.045 8	2.30E-05	Ups
Os02g0135200	LOC_Os02g04230	Mitogen-activated protein kinase，OsMPK13	3.689 1	1.90E-08	Ups
编码应激相关蛋白的基因					
Os02g0669100	LOC_Os02g44870	Dehydration-stress inducible protein 1	2.142 9	1.15E-04	Down
Os07g0569700	LOC_Os07g38240	C2H2 transcription factor，stress associated protein 16，OsSAP16	2.053 0	3.50E-04	Down
Os03g0793000	LOC_Os03g57900	Stress associated protein 7，OsSAP7	2.027 3	8.74E-04	Down
Os01g0233000	LOC_Os01g13210	Salt stress root protein RS1，putative，expressed	2.793 3	5.19E-04	Down
Os03g0179400	LOC_Os03g08170	Drought-inducible receptor-like cytoplasmic kinase，OsRLCK103	3.247 9	1.70E-07	Down
Os03g0286900	LOC_Os03g17790	Drought resistance，rare cold-inducible 2-5，OsRCI2-5	2.818 7	5.17E-03	Down
Os01g0686800	LOC_Os01g49290	Receptor for Activated C-kinase 1，RACK1	5.222 9	3.29E-15	Up

RAP 登录号	MSU 登录号	基因功能描述	变化倍数	p 值	表达量变化
Os05g0552300	LOC_Os05g47890	Receptor for activated C kinase 1B，RACK1B	4.336 5	4.48E-18	Up
Os01g0686800	LOC_Os01g49290	Receptor for Activated C-kinase 1，RACK1	5.222 9	3.29E-15	Up
Os04g0432000	LOC_Os04g35240	stress/ABA-activated protein kinase 7，OsSAPK7	4.404 2	8.43E-10	Down
Os10g0564500	LOC_Os10g41490	Stress-Activated Protein Kinase 3，OsSAPK3	3.412 2	4.46E-12	Down
Os01g0869900	LOC_Os01g64970	Stress-Activated Protein Kinase 4，OsSAPK4	3.110 6	4.87E-08	Down
Os02g0669100	LOC_Os02g44870	Dehydration-stress inducible protein	2.142 9	1.15E-04	Down
Os07g0569700	LOC_Os07g38240	C2H2 transcription factor，stress associated protein 16，OsSAP16	2.053 0	3.50E-04	Down
Os03g0793000	LOC_Os03g57900	Stress associated protein 7，OsSAP7	2.027 3	8.74E-04	Down
Os01g0233000	LOC_Os01g13210	Salt stress root protein RS1，putative，expressed	2.793 3	5.19E-04	Down
Os03g0179400	LOC_Os03g08170	Drought-inducible receptor-like cytoplasmic kinase，OsRLCK103	3.247 9	1.70E-07	Down
Os03g0286900	LOC_Os03g17790	Drought resistance，rare cold-inducible 2-5，OsRCI2-5	2.818 7	5.17E-03	Down
Os01g0263300	LOC_Os01g15830	Similar to Peroxidase 72 precursor	4.686 1	5.12E-05	Down
Os03g0150800	LOC_Os03g05640	High affinity phosphate transporter 2，OsPT2	4.147 1	2.48E-03	Down
Os09g0325700	LOC_Os09g15670	Protein phosphatase 2C，Abiotic stress response，PP2C1	4.089 2	7.16E-09	Down
Os05g0380900	LOC_Os05g31620	Calmodulin-like protein 15, OsCML15	3.846 4	2.14E-06	Down

4.8　OsMRLP15 与细胞内多条信号通路之间存在联系

　　为了进一步确定 OsMRLP15 在植物体内可能参与的生物学功能，我们用 Y2H Gold 系统对 OsMRLP15 的互作蛋白进行了筛选与鉴定。我们从酵母双杂交 cDNA 文库中筛选到了 86 个阳性克隆，测序后分析发现具有完整结构域，且翻译时没有发生移码翻译的序列只有 19 个。利用水稻数据库和 NCBI

数据库对筛选得到的这 19 个氨基酸序列进一步进行筛选，发现大部分都是假定蛋白，只有 7 个是预测的具有功能的蛋白质的部分结构域。

我们重点筛选了 3 个互作蛋白（Library-5/27，Library-6 和 Library-80）进行了下一步的研究。我们利用 Y2H Gold 系统对 OsMRLP15 和这三个筛选到的蛋白质片段的互作关系进行了进一步的验证，发现 OsMRLP15 可以与这三个蛋白质片段进行互作。

由于到目前为止，研究者没有对水稻中这三个蛋白质进行过专门的研究，因此我们根据数据库中的信息对这三个蛋白质进行了命名：将 Library-80 命名为 OsXCP2（LOC_Os05g01810）、将 Library-6 命名为 OsBELL1（LOC_Os06g01934）、将 Library-5/27 命名为 OsGAT1（LOC_Os01g66500）。对这三个蛋白质设计引物分段克隆并拼接，得到了这三个蛋白质的全长 ORF 序列。我们利用酵母双杂交、BiFC 和 LCI 进一步对 OsMRLP15 和 OsXCP2 及 OsGAT1 的互作进行一对一验证，OsMRLP15 和 OsXCP2 及 OsGAT1 都可以在体内发生互作。

OsXCP2 是水稻细胞内的一个木质素半胱氨酸蛋白酶，主要通过参与液泡膜的向内破裂，调节完整中央液泡的自我分解，以及参与木质部管状分子的自我降解，有些类似于溶菌酶的作用。我们已经证实 OsXCP2 确实可以与 OsMRLP15 在体内发生互作。我们将 OsXCP2 的组织特异性表达模式及其响应非生物胁迫及外源激素处理的表达模式进行了分析，OsXCP2 的组织特异性表达模式显示其主要在细胞分裂比较旺盛的愈伤组织及幼苗期的叶片中高度表达。同时，OsXCP2 的转录水平受到非生物胁迫及外源激素处理的显著影响，且在激素胁迫及非生物胁迫后的转录水平均有不同程度的下降，但高温胁迫后转录水平却有所上升。由于 OsMRLP15 和 OsXCP2 存在着直接的互作关系，我们推测 OsMRLP15 可能参与了 OsXCP2 介导的木质部管状分子的降解过程。目前已有研究揭示 OsCEBIP 和类受体蛋白激酶 OsCERK1 识别几丁质后，类受体蛋白激酶 OsCERK1 可通过胞内的激酶结构域磷酸化鸟苷酸交换因子 OsRacGEF1，OsRacGEF1 可以激活 OsRac1（编码产物为小 G 蛋白 Rho），导致肉桂酰辅酶 A 还原酶（OsCCR1）的激活，参与木质素单体的生物合成。因此我们推测，在 OsXCP2 和 OsCCR1 介导的木质素的合成和降解过程中，OsMRLP15 有可能起一定的作用，但具体起作用的方式还需进一步深入研究。

OsGAT1 是磷酸核糖甲酰甘氨脒合酶，参与嘌呤的生物合成。我们将 OsGAT1 的组织特异性表达模式及其响应非生物胁迫及外源激素的转录表达模式进行了分析，OsGAT1 在各个时期的叶片及叶鞘口均具有较高的表达量；非生物胁迫及外源激素处理的转录表达模式显示 OsGAT1 和 OsMRLP15 在响应 ABA、SA 和高温胁迫时的转录模式非常相似。由于 OsMRLP15 和 OsGAT1 之间存在互作关系，且二者在非生物胁迫及外源激素处理的转录表达模式的一致性，我们推测 OsMRLP15 可能在 OsGAT1 参与的嘌呤的生物合成过程中发挥着某些作用。

4.9　讨　论

含碳水化合物结合的 Malectin/malectin-like 结构域的蛋白质属于近年来发现的一个新的蛋白质家族，出现在动物、植物和细菌中。发现的第一个包含 Malectin 的蛋白质位于动物细胞的内质网，是动物蛋白 N-糖基化的功能蛋白。植物中包含 Malectin/malectin-like 结构域的蛋白属于一个大的蛋白质家族，在植物的生长调控、细胞壁的完整性、细胞信号转导和免疫反应等方面发挥重要作用。目前研究较多的含 Malectin/malectin-like 结构域的蛋白质是 CrRLK1 Ls 蛋白家族。在拟南芥中的研究表明 CrRLK1 Ls 家族成员在细胞生长、植物形态发生、生殖、免疫、激素信号和应激反应中具有重要作用。FERONIA（FER）是 CrRLK1 Ls 家族中最具代表性的蛋白。它是细胞极性

生长和细胞壁维持完整性的关键正向调节因子。FER 功能缺失植株为半矮化，影响植株毛状体、根毛等尖端生长细胞。FER 的突变体、*fer* 也表现为盒子状表皮细胞。FER 还与 ROS 和 Ca^{2+} 相互作用，在拟南芥花粉管的识别和机械信号转导过程中发挥重要作用。此外，FER 与 BRASSINOSTEROID 1-associated RECEPTOR KINASE 1（BAK1）协同作用，积极地调控病原体相关的分子模式（PAMP）介导的免疫反应（PTI）。另一种 Malectin-like 受体激酶 IOS1 也通过与 BAK1 协同而正向调节植物的免疫反应。

在本研究中，我们发现一个含有 Malectin/malectin-like 结构域的蛋白质 OsMRLP15 在水稻抗旱反应中发挥重要作用。它通过与 OsRacGEF1 相互作用，积极调控 ROS 的产生。本研究的研究结果为水稻应激反应过程中含有 Malectin/malectin-like 结构域的蛋白质的功能机制提供了新的思路。

4.9.1　OsMRLP15 参与水稻对干旱胁迫的响应过程

植物中的包含 Malectin/malectin-like 结构域的蛋白质是植物中新发现的一类蛋白质，他们可以特异性结合碳水化合物，目前有关包含 Malectin/malectin-like 结构域的蛋白质研究较多的是 CrRLK1 L 家族蛋白，这些蛋白中除了包含 Malectin/malectin-like 结构域外，还含有一个激酶结构域，这些包含 Malectin/malectin-like 结构域的类受体激酶参与了许多重要的生物学过程。然而，植物细胞中还存在这样一小类蛋白质——MRLPs，在结构上仅具有 Malectin 或 Malectin-like 结构域，未鉴定出激酶结构域。这类 MRLPs 在植物中的生物学作用目前还没有详细的研究。在这里，我们发现 OsMRLP15 是水稻中仅含有一个 Malectin-like 结构域的蛋白，其在水稻叶片中高水平的表达（图 4-1）。OsMRLP15 的转录水平受环境胁迫的强烈刺激（图 4-2），说明 OsMRLP15 是一种新型的应激反应蛋白。

*OsMRLP*15 沉默表达（RNAi）可使植株对干旱胁迫的耐受性降低，同时植物分蘖数也显著降低，但增加了株高、穗重和单穗的种子数量，而过表达

*OsMRLP*15 可提高植物对干旱胁迫的耐受性（图 4-4、图 4-5），这表明这种蛋白质积极调节水稻的耐旱性，但消极调节水稻的产量。WT 和各转基因植物间气孔孔径不同可能是导致抗旱能力差异和产量差异的一个主要原因（图 4-5）。研究结果表明 OsMRLP15-RNAi 转基因株系拥有更多数量的气孔和更高比例的气孔开放度，这意味着在正常生长条件下，这种植物可能将有利于养分和基质的运输，从而有利于植物在水分供应良好的条件下可以更好地生长和更大程度地提高产量。但气孔数量越多，气孔开度越高，水分损失越大，在干旱胁迫下 OsMRLP15-RNAi 植株可能存在更高的失水速率，从而降低了水分亏缺条件下 OsMRLP15-RNAi 植株的耐旱性。所有结果表明，OsMRLP15 是一种新的包含 Malectin 结构域的蛋白质，且在植物抗逆，特别抗旱中发挥重要作用。

4.9.2　OsMRLP15 通过 OsRacGEF1 与 OsRbohA 正向调节植株对干旱胁迫的耐受性

ROS 的产生在诱导植物产生强健的免疫反应和抗应激能力方面起着关键作用。在本研究中，我们发现 OsMRLP15 通过 OsRbohA 正向调控 ROS 的产生（图 4-6），OsRbohA 是水稻中重要的 ROS 生成物质，参与干旱胁迫的耐受性。此外，除了 *OsRbohA* 外，*OsRbohC*，*OsRbohF* 和 *OsRbohI* 等 3 个基因可能也参与了 OsMRLP15 介导的 ROS 的产生，因为它们的转录表达模式与 *OsMRLP*15 具有很好的协同性（图 4-7C）。所有这些结果表明，OsMRLP15 可能通过激活水稻体内的 OsRbohs 来积极调控 ROS 的产生。

OsMRLP15 激活水稻 OsRbohs 产生 ROS 的功能可能与它和 OsRacGEF1 的相互作用有关。OsRacGEF1 属于植物特异性 ROP 核苷酸交换（PRONE）型 GDP/GTP 交换因子（GEF）家族，被鉴定为 OsRac1 的特异性 GEF。OsRac1 作为水稻中的 Rac/Rop GTPase，在植物免疫应答中发挥重要作用，并通过与 OsRbohs 的 N-末端区域相互作用，积极调控 ROS 的产生。

值得注意的是，除了 OsRacGEF1 直接与 OsMRLP15 互作，且在 OsMRLP15 各个转基因株系中与 *OsMRLP*15 的转录模式存在很大的相似性（图 4-6、图 4-7），其他四个 *OsRacGEF* 基因：包括 *OsRacGEF*4、*OsRacGEF*6、*OsRacGEF*8 和 *OsRacGEF*11 也与 *OsMRLP*15 在 *OsMRLP*15 各个转基因株系中存在转录模式的极大相似性（图 4-7），暗示这些 OsRacGEFs 可能在 OsMRLP15 介导的 ROS 生成中扮演着重要的角色，尽管这些 OsRacGEFs 与 OsMRLP15 分子之间的相互作用尚未验证。虽然只有 *OsRac*2 与 *OsMRLP*15 的表达谱具有极大地一致性，但除 OsRac1 之外还有其他三种 Racs（OsRac3、OsRac6、OsRac7）在 OsMRLP15-RNAi 植物中却表现出较大的下调，进一步说明 OsMRLP15 在 ROS 生成中的作用可能与 OsRbohs 的 GEF/Rac-依赖性激活有关。事实上，OsRac GTPases 与 OsRbohs 之间的相互作用是普遍存在的，除了 OsRac1 外，其他的 Racs，包括 OsRac2 和 OsRac7 都与 OsRbohA、OsRbohB、OsRbohC 和 OsRbohD 相互作用。

4.9.3 多种信号调节机制可能参与 OsMRLP15 介导的干旱胁迫的耐受性

从 RNA-seq 检测结果来看，与 WT 相比，在 OsMRLP15-RNAi54 植株中由于 OsMRLP15 表达量的下调造成大量基因的差异表达（图 4-7、表 4-1）。与 WT 相比，OsMRLP15-RNAi54 植株中与 ATPases 或 GTPases 相关的 40 个基因有差异表达。例如编码 ATPase 2 和 ATPase 3 的基因的表达量下调，编码一个 Rho-GTPase 活化蛋白的基因（Os04g47330）的表达量上调。ATPases 和 GTPases 是生物能量学、信号传导和许多其他细胞过程的中心角色，这意味着 OsMRLP15 在植物基本代谢过程（如生物能量学和信号传导）中起着至关重要的作用，但是在这一方面的研究细节我们目前还不太清楚。RALFs 是已知的一种富含半胱氨酸的小肽，参与植物发育和生长的各个方面。它们可能作为 Malectin-like 受体激酶的配体，许多 RALFs 已被鉴定参与

Malectin-like 受体激酶（如 FER 和 ANX1/2）介导的植物免疫、花粉管生长、根和下胚轴伸长过程。OsMRLP15-RNAi54 植物中编码快速碱化因子（RALFs）的一组基因（13 个）的转录水平与 WT 相比表达量明显下调，提示这些 RALFs 可能参与了 OsMRLP15 介导的过程。

此外，OsMRLP15 可能还参与了植物中 RNA 和蛋白活化的模块。PPR 重复域蛋白是一大类模块化 RNA 结合蛋白，主要在细胞器和细胞核中介导基因表达的多个方面。在拟南芥中，发现参与叶绿体类囊体膜生物发生的特定基因剪接需要 PPR 蛋白 THA8L。在目前的研究中，共 56 个编码 PPR 重复域包含蛋白质的基因在 OsMRLP15-RNAi54 转基因植物中表达水平与 WT 中存在明显的差异，表明 OsMRLP15 作为内质网定位的 Malectin-like 结构域包含蛋白质，在水稻 RNA 拼接或编辑过程中也可能起着一定的功能。另一个大的蛋白家族是 ANK 重复域，它是在蛋白-蛋白相互作用中起重要作用的蛋白，并且已经在许多具有不同功能的蛋白质中被发现。在动物中，一些 ANK 蛋白，例如 Ankrd27，可能参与膜融合事件，作为 Rab 蛋白的鸟嘌呤交换因子（GEF）而起作用。在植物中，一些 ANK 基因是组织特异性表达的，它们的转录水平受到一系列植物激素和非生物胁迫处理的刺激，表明它们在植物生长发育和应激反应中发挥作用。与 WT 相比，OsMRLP15-RNAi54 植株中有 15 个 ANK 基因的表达发生了改变，说明这些 ANKs 可能也参与了水稻 OsMRLP15 介导的生物学过程。考虑到 OsMRLP15 直接与 OsRacGEF1 相互作用，这些 ANKs 是否在 OsMRLP15 与 RacGEF 蛋白的相互作用中发挥作用还有待进一步研究。更有趣的是，超过 170 个类受体蛋白激酶（receptor-like protein kinase，RLKs）基因在 OsMRLP15 基因沉默后表达差异显著，且多数表达下调。很多 RLKs 基因的转录表达水平都受到 OsMRLP15 沉默的影响，提示 OsMRLP15 在植物信号转导中发挥着重要作用，因为大部分 RLKs 在植物信号的接收和转导中发挥着重要作用。

有趣的是，一组编码 MAPK 级联反应相关蛋白和干旱胁迫相关蛋白的

基因在 *OsMRLP*15 转基因植物中也表现出与 *OsMRLP*15 良好的共同表达模式（表 4-1、图 4-7），表明 OsMRLP15 介导的 ROS 生成和干旱胁迫反应可能涉及复杂的调控模块。在植物免疫中，许多研究表明 MAPK 级联在 RLKs 信号转导中起关键作用，参与了多种防御反应的信号转导。依赖 Rbohs 的 ROS 产生通常是 MAPK 级联信号的上游调节因子。在这里，RNA-seq 结果（表 4-1）和 qRT-PCR 分析（图 4-7）表明，在 OsMRLP15 介导的 ROS 产生和耐受过程中，有许多 MAPK 级联信号蛋白以及一大类与耐旱胁迫功能相关蛋白的参与。OsMAPKK1-OsMAPK4 信号级联可能参与 OsMRLP15 介导的胁迫应答过程。

4.10　本章小结

综上所述，本研究报道了一个新的含有 Malectin-like 结构域的蛋白质——OsMRLP15，该蛋白定位于 ER 和 PM 中。它主要在叶片中表达，但它的转录水平可以受到一些环境因素和植物激素的强烈影响。与 WT 相比，OsMRLP15 的超表达转基因株系 OsMRLP15-OE 对干旱胁迫的耐受性明显增强，而 OsMRLP15 的沉默转基因株系 OsMRLP15-RNAi 对干旱胁迫的耐受性却明显减弱。在正常生长条件下，相对于 WT 而言，OsMRLP5-OE 体内会积累相对较高的 ROS，植株叶片表面的气孔数量相对较少，气孔开度也相对较小；而 OsMRLP15-RNAi 体内 ROS 的水平则相对较低，气孔数量相对较多，气孔开度也相对较大，这样 OsMRLP5-OE 植株体内的水分蒸发相对于 OsMRLP15-RNAi 而言较慢，保水能力相对较好，抗旱能力就会增强。OsMRLP15 也可直接与 OsRacGEF1 和/或其他 OsRacGEFs 相互作用，通过激活 OsRbohA 和其他的 OsRbohs 来积极调节 ROS 的产生，以提高植物对干旱胁迫的耐受性。OsMRLP15 也可以与 OsXCP2 和 OsGAT1 互作，可能参与 OsXCP2 和 OsCCR1 对木质素的合成和降解的调控过程，也可能影响 OsGAT1

所参与的嘌呤的生物合成过程。RNA-seq 分析显示 OsMRLP15 与 MAPK 级联反应家族成员之间也存在着一定的关系。总之，OsMRLP15 介导的水稻抗旱性可能涉及多种信号通路，我们将 OsMRLP15 可能参与的信号通路进行了简要概括，结果如图 4-8 所示。

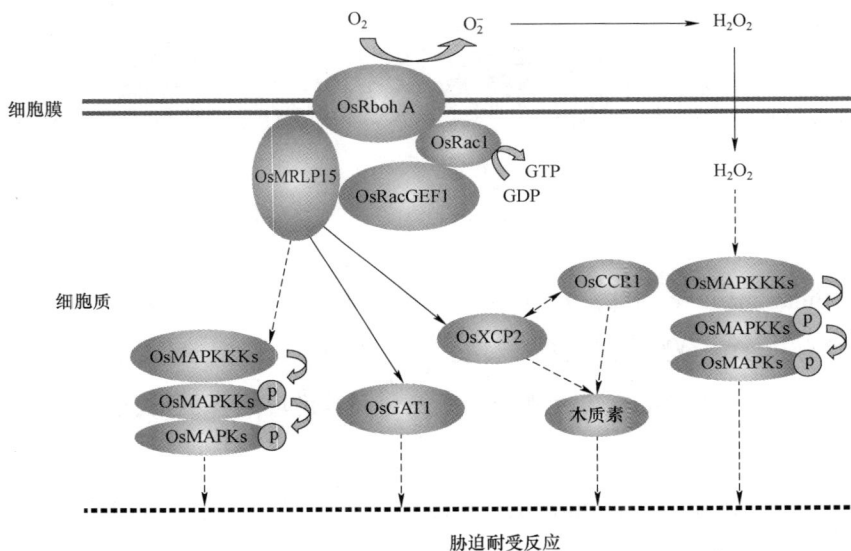

图 4-8　OsMRLP15 参与水稻干旱胁迫耐受性的机制图

参考文献

[1] Muhammada I. 水稻 OsFROs 基因分子表征及其在逆境条件下的表达特性分析[D]. 咸阳: 西北农林科技大学, 2018.

[2] 常艳利. 植物 NOX 家族基因系统发育及其逆境应答机制研究[D]. 咸阳: 西北农林科技大学, 2017.

[3] 景秀清. 水稻 Malectin/malectin-like 家族蛋白的功能及 OsMRLK63 和 OsMRLP15 耐旱的分子机制[D]. 咸阳: 西北农林科技大学, 2019.

[4] 王响. 植物 NADK 家族基因的功能及其抗逆分子机制研究[D]. 咸阳: 西北农林科技大学, 2017.

[5] 姚林波. 水稻 OsDUF3778-1 基因的功能及抗逆性研究[D]. 咸阳: 西北农林科技大学, 2017.

[6] Aaron B, Ron M, Nobuhiro S. ROS as key players in plant stress signalling[J]. Journal of Experimental Botany, 2014, 65(5): 1229-1240.

[7] Agrawal G K, Agrawal S K, Shibato J, et al. Novel rice MAP kinases OsMSRMK3 and OsWJUMK1 involved in encountering diverse environmental stresses and developmental regulation[J]. Biochemical & Biophysical Research Communications, 2003, 300(3): 775-783.

[8] Agrawal G K, Rakwal R, Iwahashi H. Isolation of novel rice Oryza sativa L.

146

multiple stress responsive MAP kinase gene, OsMSRMK2, whose mRNA accumulates rapidly in response to environmental cues[J]. Biochemical & Biophysical Research Communications, 2002, 294(5): 1009-1016.

[9] Akamatsu A, Wong H L, Fujiwara M, et al. An OsCEBiP/OsCERK1-OsRacGEF1-OsRac1 Module Is an Essential Early Component of Chitin-Induced Rice Immunity[J]. Cell Host & Microbe, 2013, 13(4): 465-476.

[10] Anna Kristina J, Martin L, Markus A, et al. The receptor-like protein ReMAX of Arabidopsis detects the microbe-associated molecular pattern eMax from Xanthomonas[J]. Plant Cell, 25(6): 2330-2340.

[11] Anne D, Clark S E. LRR-containing receptors regulating plant development and defense[J]. Development, 2004, 131(2): 251-261.

[12] Antje B, Christoph T, Alfred W. A new family of RhoGEFs activates the Rop molecular switch in plants[J]. Nature, 2005, 436(7054): 1176-1180.

[13] Antje H, Hann D R, Selena G I, et al. The receptor-like kinase SERK3/BAK1 is a central regulator of innate immunity in plants[J]. Proceedings of the National Academy of Sciences of the United States of America, 2007, 104(29): 12217-12222.

[14] Apel K, Hirt H. Reactive oxygen species: Metabolism, oxidative stress, and signal transduction[J]. Annu Rev Plant Biol, 2004, 55: 373-399.

[15] Atkinson N J, Urwin P E. The interaction of plant biotic and abiotic stresses: From genes to the field[J]. Journal of Experimental Botany, 2012, 63(10): 3523-3543.

[16] Ayako M, Premkumar A, Tomonori S, et al. CERK1, a LysM receptor kinase, is essential for chitin elicitor signaling in Arabidopsis[J]. Proceedings of the National Academy of Sciences of the United States of America, 2007, 104(49): 19613-19618.

[17] Baena-González E, Sheen J. Convergent energy and stress signaling[J].

Trends in Plant Science, 2008, 13(9): 474-482.

[18]   Bai L, Ma X, Zhang G, et al. A Receptor-Like Kinase Mediates Ammonium Homeostasis and Is Important for the Polar Growth of Root Hairs in Arabidopsis[J]. Plant Cell, 2014, 26(4): 1497-1511.

[19]   Baxter A, Mittler R, Suzuki, N. ROS as key players in plant stress signaling[J]. Journal of experimental botany, 2013, 65(5): 1229-1240.

[20]   Bedard K, Krause K H. The NOX family of ROS-generating NADPH oxidases: Physiology and pathophysiology[J]. Physiol Rev, 2007, 87(1): 245-313.

[21]   Bellande K, Bono J J, Savelli B, et al. Plant lectins and lectin receptor-like linases: How do they sense the outside?[J]. International Journal of Molecular Sciences, 2017, 18(6): 1164.

[22]   Berken A. ROPs in the spotlight of plant signal transduction[J]. Cellular and molecular life sciences: CMLS, 2006, 63(21): 2446-2459.

[23]   Birgit S, Tobias M, Jehle A K, et al. Rapid heteromerization and phosphorylation of ligand-activated plant transmembrane receptors and their associated kinase BAK1[J]. Journal of Biological Chemistry, 2010, 285(13): 9444-9451.

[24]   Boisson-Dernier A, Kessler S A, Grossniklaus U. The walls have ears: The role of plant CrRLK1 Ls in sensing and transducing extracellular signals[J]. Journal of experimental botany, 2011, 62(5): 1581-1591.

[25]   Boisson-Dernier A, Lituiev D S, Nestorova A, et al. ANXUR receptor-like kinases coordinate cell wall integrity with growth at the pollen tube tip via NADPH oxidases[J]. PLoS biology, 2013, 11(11): e1001719.

[26]   Boissondernier A, Kessler S A, Grossniklaus U. The walls have ears: The role of plant CrRLK1 Ls in sensing and transducing extracellular signals[J]. Journal of Experimental Botany, 2011, 62(5): 1581-1591.

[27] Bork P. Hundreds of ankyrin-like repeats in functionally diverse proteins: mobile modules that cross phyla horizontally?[J]. Proteins-structure Function & Bioinformatics, 2010, 17(4): 363-374.

[28] Boyer J S. Plant productivity and environment[J]. Science, 1982, 218 (4571): 443-448.

[29] Bradford K J, Hsiao T C. Physiological responses to moderate water stress [J]. Encyclopedia of Plant Physiology, 1982, 12: 263-324.

[30] Camejo D, Guzman-Cedeno A, Moreno A. Reactive oxygen species, essential molecules, during plant-pathogen interactions[J]. Plant Physiol Biochem, 2016, 103: 10-23.

[31] Campbell L, Turner S R. A Comprehensive Analysis of RALF Proteins in Green Plants Suggests There Are Two Distinct Functional Groups[J]. Frontiers in Plant Science, 2017, 8: 37.

[32] Chen J, Yu F, Liu Y, et al. FERONIA interacts with ABI2-type phosphatases to facilitate signaling cross-talk between abscisic acid and RALF peptide in Arabidopsis[J]. Proceedings of the National Academy of Sciences of the United States of America, 2016, 113(37): e5519-e5527.

[33] Chinnusamy V, Bressan R. ROP11 GTPase Negatively Regulates ABA Signaling by Protecting ABI1 Phosphatase Activity from Inhibition by the ABA Receptor RCAR1/PYL9 in Arabidopsis[J]. Journal of Integrative Plant Biology, 2012, 54(3): 180-188.

[34] Choudhary S P, Kanwar M, Bhardwaj R, et al. Chromium stress mitigation by polyamine-brassinosteroid application involves phytohormonal and physiological strategies in Raphanus sativus L[J]. Plos One, 2012, 7(3): e33210.

[35] Choudhury F K, Rivero R M, Blumwald E, et al. Reactive oxygen species, abiotic stress and stress combination[J]. The Plant Journal, 2017, 90(5):

856-867.

[36] Christensen T M, Vejlupkova Z, Sharma Y K, et al. Conserved subgroups and developmental regulation in the monocot rop gene family[J]. Plant Physiol, 2003, 133(4): 1791-1808.

[37] Couto D, Zipfel C. Regulation of pattern recognition receptor signalling in plants[J]. Nature Reviews Immunology, 2016, 16(9): 537-552.

[38] Cui H, Tsuda K, Parker J E. Effector-triggered immunity: From pathogen perception to robust defense[J]. Annual review of plant biology, 2015, 66: 487-511.

[39] Cyril Z, Gernot K, Delphine C, et al. Perception of the bacterial PAMP EF-Tu by the receptor EFR restricts Agrobacterium-mediated transformation [J]. Cell, 2006, 125(4): 749-760.

[40] Daniel M, Christophe D, Alain P, et al. A burst of plant NADPH oxidases[J]. Trends in Plant Science, 2012, 17(1): 9-15.

[41] Delphine C, Cyril Z, Silke R, et al. A flagellin-induced complex of the receptor FLS2 and BAK1 initiates plant defence[J]. Nature, 2007, 448 (7152): 497-500.

[42] Delphine C, Zsuzsa B, Martin R, et al. The Arabidopsis receptor kinase FLS2 binds flg22 and determines the specificity of flagellin perception[J]. Plant Cell, 2006, 18(2): 465-476.

[43] Deping H, Cun W, Junna H, et al. A plasma membrane receptor kinase, GHR1, mediates abscisic acid-and hydrogen peroxide-regulated stomatal movement in Arabidopsis[J]. Plant Cell, 2012, 24(6): 2546-2561.

[44] Dixon M S, Hatzixanthis K, Jones D A, et al. The tomato Cf-5 disease resistance gene and six homologs show pronounced allelic variation in leucine-rich repeat copy number[J]. Plant Cell, 1998, 10(11): 1915-1925.

[45] Dixon M S, Jones D A, Keddie JS, et al. The tomato Cf-2 disease resistance

locus comprises two functional genes encoding leucine-rich repeat proteins[J]. Cell, 1996, 84(3): 451-459.

[46] Dodds P N, Rathjen J P. Plant immunity: Towards an integrated view of plant-pathogen interactions[J]. Nature Reviews Genetics, 2010, 11(8): 539-548.

[47] Dodds, P N, Rathjen J P. Plant immunity: Towards an integrated view of plant-pathogen interactions[J]. Nature Reviews Genetics, 2010, 11(8), 539-548.

[48] Doke N, Tomiyama K. Effect of hyphal wall components from Phytophthora infestans on protoplasts of potato tuber tissues[J]. Physiological Plant Pathology, 1980, 16(1): 169-173.

[49] Drerup M M, Schlücking K. Hashimoto K, et al. The Calcineurin B-like calcium sensors CBL1 and CBL9 together with their interacting protein kinase CIPK26 regulate the Arabidopsis NADPH oxidase RBOHF[J]. Molecular Plant, 2013, 6(2): 559-569.

[50] Duan Q, Kita D, Johnson E A, et al. Reactive oxygen species mediate pollen tube rupture to release sperm for fertilization in Arabidopsis[J]. Nature communications, 2014, 5: 3129.

[51] Dubiella U, Seybold H, Durian G, et al. Calcium-dependent protein kinase/NADPH oxidase activation circuit is required for rapid defense signal propagation[J]. Proceedings of the National Academy of Sciences of the United States of America, 2013, 110(21): 8744-8749.

[52] Ei'Ichi I, Masaru M, Yukio N. Direct binding of a plant LysM receptor-like kinase, LysM RLK1/CERK1, to chitin in vitro[J]. Journal of Biological Chemistry, 2010, 285(5): 2996-3004.

[53] Engineer C B, Hashimoto-Sugimoto M, Negi J, et al. CO_2 Sensing and CO_2 regulation of stomatal conductance: Advances and open questions[J].

Trends in Plant Science, 2016, 21(1): 16-30.

[54] Enrico B, Eve S D, Stefano T, et al. The HcrVf2 gene from a wild apple confers scab resistance to a transgenic cultivated variety[J]. Proceedings of the National Academy of Sciences of the United States of America, 2004, 101(3): 886-890.

[55] Fabien J, Charlotte S, Dongjin S, et al. MAP kinases MPK9 and MPK12 are preferentially expressed in guard cells and positively regulate ROS-mediated ABA signaling[J]. Proceedings of the National Academy of Sciences of the United States of America, 2011, 106(48): 20520-20525.

[56] Fan M, Wang M, Bai M Y. Diverse roles of SERK family genes in plant growth, development and defense response[J]. Science China, 2016, 59(9): 889-896.

[57] Felsenstein, J. Confidence Limits on Phylogenies: An Approach Using the Bootstrap[J]. Evolution, 1985, 39(4): 783-791.

[58] Feng W, Kita D, Peaucelle A, et al. The FERONIA receptor kinase maintains cell-wall integrity during salt stress through Ca^{2+} signaling[J]. Current Biology, 2018a, 28(5): 666-675.

[59] Feng W, Kita D, Peaucelle A, et al. The FERONIA Receptor Kinase Maintains Cell-Wall Integrity during Salt Stress through Ca^{2+} Signaling[J]. Current Biology, 2018b, 28(5): 666-675.

[60] Feng Y, Lichao Q, Candida N, et al. FERONIA receptor kinase pathway suppresses abscisic acid signaling in Arabidopsis by activating ABI2 phosphatase[J]. Proceedings of the National Academy of Sciences of the United States of America, 2012, 109(36): 14693-14698.

[61] Franck C M, Westermann J, Boisson-Dernier A. Plant malectin-like receptor kinases: From cell wall integrity to immunity and beyond[J]. Annual review of plant biology, 2018a, 69(1): 301-328.

[62] Fu S F, Chou W C, Huang D D, et al. Transcriptional regulation of a rice mitogen-activated protein kinase gene, OsMAPK4, in response to environmental stresses[J]. Plant and cell physiology, 2002, 43(8): 958-963.

[63] Fujita M, Fujita Y, Noutoshi Y, et al. Crosstalk between abiotic and biotic stress responses: A current view from the points of convergence in the stress signaling networks[J]. Current opinion in plant biology, 2006, 9(4): 436-442.

[64] Galindo-Trigo S, Gray J E, Smith L M. Conserved roles of CrRLK1 L Receptor-Like Kinases in cell Expansion and reproduction from algae to angiosperms[J]. Frontiers in plant science, 2016, 7: 1269.

[65] Gamuyao R, Chin J H, Pariasca-Tanaka J, et al. The protein kinase Pstol1 from traditional rice confers tolerance of phosphorus deficiency[J]. Nature, 2012, 488(7412): 535-539.

[66] Ge Z, Bergonci T, Zhao Y, et al. Arabidopsis pollen tube integrity and sperm release are regulated by RALF-mediated signaling[J]. Science, 2017, 358(6370): 1596.

[67] Gilbert M E, Medina V. Drought Adaptation Mechanisms Should Guide Experimental Design[J]. Trends in Plant Science, 2016, 21(8): 639-647.

[68] Gill S S, Tuteja N. Reactive oxygen species and antioxidant machinery in abiotic stress tolerance in crop plants[J]. Plant physiology and biochemistry, 2010, 48(12): 909-930.

[69] Gish L A, Clark S E. The RLK/Pelle family of kinases. Plant Journal, 2011, 66(1): 117-127.

[70] Group M, Ichimura K, Shinozaki K, et al. Mitogen-activated protein kinase cascades in plants: A new nomenclature[J]. Trends in Plant Science, 2002, 7(7): 301-308.

[71] Guo-Qiang H, En L, Fu-Rong G, et al. Arabidopsis RopGEF4 and

RopGEF10 are important for FERONIA-mediated developmental but not environmental regulation of root hair growth[J]. New Phytologist, 2013, 200(4): 1089-1101.

[72] Guo H, Li L, Ye H, et al. Three related receptor-like kinases are required for optimal cell elongation in Arabidopsis thaliana[J]. Proceedings of the National Academy of Sciences, 2009a, 106(18): 7648-53.

[73] Guo H, Ye H, Li L, et al. A family of receptor-like kinases are regulated by BES1 and involved in plant growth in Arabidopsis thaliana[J]. Plant signaling & behavior, 2009b, 4(8): 784-786.

[74] Hématy K, Sado P E, Van Tuinen A, et al. A receptor-like kinase mediates the response of Arabidopsis cells to the inhibition of cellulose synthesis[J]. Current Biology, 2007, 17(11): 922-931.

[75] Hadiarto T, Tran L. Progress studies of drought-responsive genes in rice[J]. Plant Cell Reports, 2011, 30(3): 297-310.

[76] Hanae K, Yoko N, Naoko I M, et al. Plant cells recognize chitin fragments for defense signaling through a plasma membrane receptor[J]. Proceedings of the National Academy of Sciences, 2006, 103(29): 11086-11091.

[77] Hann Ling W, Tsuyoshi S, Tsutomu K, et al. Down-regulation of metallothionein, a reactive oxygen scavenger, by the small GTPase OsRac1 in rice[J]. Plant Physiology, 2004, 135(3): 1447-1456.

[78] He K, Xu S, Li J. BAK1 directly regulates brassinosteroid perception and bri1 activation[J]. Journal of Integrative Plant Biology, 2013, 55(12): 1264-1270.

[79] Hiroaki F, Jian-Kang Z. Arabidopsis mutant deficient in 3 abscisic acid-activated protein kinases reveals critical roles in growth, reproduction, and stress[J]. Proceedings of the National Academy of Sciences of the United States of America, 2009, 106(20): 8380-8385.

[80] Hoang M H T, Xuan C N, Lee K, et al. Phosphorylation by AtMPK6 is required for the biological function of AtMYB41 in Arabidopsis[J]. Biochemical & Biophysical Research Communications, 2012, 422(1): 181-186.

[81] Hongzhi K, Landherr L L, Frohlich M W, et al. Patterns of gene duplication in the plant SKP1 gene family in angiosperms: Evidence for multiple mechanisms of rapid gene birth[J]. Plant Journal, 2007, 50(5): 873-885.

[82] Hou Q, Ufer G, Bartels, D. Lipid signalling in plant responses to abiotic stress[J]. Plant Cell & Environment, 2016a, 39(5): 1029-1048.

[83] Hou Y, Guo X, Cyprys P, et al. Maternal ENODLs Are Required for Pollen Tube Reception in Arabidopsis[J]. Current Biology, 2016b, 26(17): 2343-2350.

[84] Hua Z M, Yang X, Fromm M E. Activation of the NaCl and drought induced RD29A and RD29B promoters by constitutively active Arabidopsis MAPKK or MAPK proteins[J]. Plant Cell and Environment, 2006, 29(9): 1761-1770.

[85] Huck N, Moore J M, Federer M, et al. The Arabidopsis mutant feronia disrupts the female gametophytic control of pollen tube reception[J]. Development, 2003, 130: 2149-2159.

[86] Lee I C, Hong S W, Whang S S, et al. Age-dependent action of an ABA-inducible receptor kinase, RPK1, as a positive regulator of senescence in Arabidopsis leaves[J]. Plant and Cell Physiology, 2011, 52(4): 651-662.

[87] Jeong M, Lee S, Kim B, et al. A rice Oryza sativa L. MAP kinase gene, OsMAPK44, is involved in response to abiotic stresses[J]. Plant Cell Tissue & Organ Culture, 2006, 85 (2): 151-160.

[88] Jeong S, Trotochaud A E, Clark S E. The Arabidopsis CLAVATA2 gene

encodes a receptor-like protein required for the stability of the CLAVATA1 receptor-like kinase[J]. Plant Cell, 1999, 11(10): 1925-1933.

[89] Jia L, Tax F. Receptor-like kinases: Key regulators of plant development and defense[J]. Journal of Integrative Plant Biology, 2013, 55(12): 1184-1187.

[90] Jiang M, Zhang J. Cross-talk between calcium and reactive oxygen species originated from NADPH oxidase in abscisic acid-induced antioxidant defence in leaves of maize seedlings[J]. Plant, Cell & Environment, 2003, 26(6): 929-939.

[91] Jing N, Xianghua L, Hicks L M, et al. A Raf-like MAPKKK gene DSM1 mediates drought resistance through reactive oxygen species scavenging in rice[J]. Plant Physiology, 2010, 152(2): 876-890.

[92] Jing X Q, Li W Q, Zhou M R, et al. Rice Carbohydrate-Binding Malectin-like Protein, OsCBM1, Contributes to Drought-Stress Tolerance by Participating in NADPH Oxidase-Mediated ROS Production[J]. Rice 2021, 14(1): 100.

[93] Jing, X Q, Shalmani A, Zhou M R, et al. Genome-wide identification of malectin/malectin-like domain containing protein family genes in rice and their expression regulation under various hormones, abiotic stresses, and heavy metal treatments[J]. Journal of Plant Growth Regulation. 2020, 39(1): 492-506.

[94] Jing X Q, Shi P T, Zhang R, et al. Rice kinase OsMRLK63 contributes to drought tolerance by regulating reactive oxygen species production[J]. Plant Physiology, 194(4): 2679-2696. https://doi.org/10.1093/plphys/ kiad684.

[95] Jinrong W, Xue-Cheng Z, David N, et al. A LysM receptor-like kinase plays a critical role in chitin signaling and fungal resistance in Arabidopsis[J]. Plant Cell, 2008, 20(2): 471-481.

[96] Jitender G, Shubha V, Dansana P K, et al. Rice A20/AN1 zinc-finger containing stress-associated proteins SAP1/11 and a receptor-like cytoplasmic kinase OsRLCK253 interact via A20 zinc-finger and confer abiotic stress tolerance in transgenic Arabidopsis plants[J]. New Phytologist, 2011, 191(3): 721-732.

[97] Jogaiah S, Govind S R, Tran, L S P. Systems biology-based approaches toward understanding drought tolerance in food crops[J]. Critical Reviews in Biotechnology, 2013, 33(1): 23-39.

[98] Jones D A, Thomas C M, Hammond-Kosack K E, et al. Isolation of the Tomato Cf-9 Gene for Resistance to Cladosporium fulvum by Transposon Tagging[J]. Science, 1994, 266(5186): 789-793.

[99] Jones J D G, Dangl J L. The plant immune system[J]. Nature, 2006, 444(7117): 323-329.

[100] Jung-A K, Agrawal G K, Randeep R, et al. Molecular cloning and mRNA expression analysis of a novel rice(Oryzasativa L.)MAPK kinase kinase, OsEDR1, an ortholog of Arabidopsis AtEDR1, reveal its role in defense/stress signalling pathways and development[J]. Biochemical & Biophysical Research Communications, 2003, 304 (1): 215-216.

[101] Kanako I, Junling R, Tomomichi F. Conserved function of Rho-related Rop/RAC GTPase signaling in regulation of cell polarity in Physcomitrella patens[J]. Gene, 2014, 544(2): 241-247.

[102] Kanaoka M M, Torii K U. FERONIA as an upstream receptor kinase for polar cell growth in plants[J]. Proceedings of the National Academy of Sciences, 2010, 107(41): 17461-17462.

[103] Karol K G, Mccourt R M, Cimino M T, et al. The closest living relatives of land plants[J]. Science, 2001, 294(5550): 2351-2353.

[104] Kawano Y, Chen L, Shimamoto K. The Function of Rac Small GTPase

and Associated Proteins in Rice Innate Immunity[J]. Rice, 2010, 3: 112-121.

[105] Kawasaki T, Yamada K, Yoshimura S, et al. Chitin receptor-mediated activation of MAP kinases and ROS production in rice and Arabidopsis [J]. Plant Signaling & Behavior, 2017, 12(9): e1361076.

[106] Kawchuk L M, Hachey J, Lynch DR, et al. Tomato Ve disease resistance genes encode cell surface-like receptors[J]. Proceedings of the National Academy of Sciences, 2001, 98(11): 6511-6515.

[107] Keinath N F, Sylwia K, Justine L, et al. PAMP pathogen-associated molecular pattern-induced changes in plasma membrane compartmentalization reveal novel components of plant immunity[J]. Journal of Biological Chemistry, 2010, 285(50): 39140-39149.

[108] Osakabe K, Osakabe Y, Toki S. Site-directed mutagenesis in Arabidopsis using custom-designed zinc finger nucleases[J]. Proceedings of the National Academy of Sciences, 2010, 107(26): 12034-12039.

[109] Keller T, Damude H G, Werner D, et al. A plant homolog of the neutrophil NADPH oxidase gp91phox subunit gene encodes a plasma membrane protein with Ca^{2+}binding motifs[J]. Plant Cell. 1998, 10(2): 255-66.

[110] Ken-Ichi K, Izuru O, Minoru N, et al. The crystal structure of the plant small GTPase OsRac1 reveals its mode of binding to NADPH oxidase[J]. Journal of Biological Chemistry, 2014, 289(41): 28569-28578.

[111] Kessler S A, Hiroko S A, Keinath N F, et al. Conserved molecular components for pollen tube reception and fungal invasion[J]. Science, 2010, 330(6006): 968-971.

[112] Kessler S A, Lindner H, Jones D S, et al. Functional analysis of related CrRLK1 L receptor-like kinases in pollen tube reception[J]. Embo Reports, 2015, 16: 107-115.

[113] Kim T H, Bohmer M, Hu H H, et al. Guard cell signal transduction network: Advances in understanding abscisic acid, CO_2, and Ca^{2+} signaling [J]. Annual Review of Plant Biology, 2010, 61: 561-591.

[114] Kim Y, Tsuda K, Igarashi D, et al. Mechanisms underlying robustness and tunability in a plant immune signaling network[J]. Cell host & microbe, 2014, 15(1): 84-94.

[115] Kishi-Kaboshi M, Okada K, Kurimoto L, et al. A rice fungal MAMP-responsive MAPK cascade regulates metabolic flow to antimicrobial metabolite synthesis[J]. Plant Journal, 2010, 63(4): 599-612.

[116] Kissoudis C, Van de Wiel C, Visser R G, et al. Enhancing crop resilience to combined abiotic and biotic stress through the dissection of physiological and molecular crosstalk[J]. Frontiers in Plant Science, 2014, 5: 207.

[117] Kita D W. Feronia: A malectin-like domain-containing receptor kinase in Arabidopsis thaliana insights into polarized cell growth, pollen tube-Pistil interactions, and sugar signaling[J]. The Cell Surface, 2021, 7: 100056.

[118] Kocsy G, Tari I, Vankova R, et al. Redox control of plant growth and development[J]. Plant Science, 2013, 211: 77-91.

[119] Kong X, Sun L, Zhou Y, et al. ZmMKK4 regulates osmotic stress through reactive oxygen species scavenging in transgenic tobacco[J]. Plant cell reports, 2011, 30: 2097-2104.

[120] Kramer P G. Plant and soil water relationships[D]. New York and London: Academic Press, 1983.

[121] Kreeb K H, Richter H, Hinckley T M. Structural and functional responses to environmental stresses: Water shortage[J]. Environmental Science, 1989.

[122] Kumar K, Rao K P, Sharma P, et al. Differential regulation of rice mitogen activated protein kinase kinase MKK by abiotic stress[J]. Plant physiology

and biochemistry, 2008, 46(10): 891-897.

[123] Kumar S, Stecher G, Tamura K. MEGA7: Molecular Evolutionary Genetics Analysis version 7. 0 for bigger datasets[J]. Molecular Biology & Evolution, 2016, 33(7): 1870-1874.

[124] Lam-Son Phan T, Takeshi U, et al. Functional analysis of AHK1/ATHK1 and cytokinin receptor histidine kinases in response to abscisic acid, drought, and salt stress in Arabidopsis[J]. Proceedings of the National Academy of Sciences of the United States of America, 2007, 104(51): 20623-20628.

[125] Laura D L, Francisco M, Philippe L, et al. A novel plant leucine-rich repeat receptor kinase regulates the response of Medicago truncatula roots to salt stress[J]. Plant Cell, 2009, 21(2): 668-680.

[126] Le D T, Choi J D, Tran LSP. Amino acids conferring herbicide resistance in tobacco acetohydroxyacid synthase[J]. Gm Crops, 2010, 1(2): 62-67.

[127] Lee S W, Han S W, Sririyanum M, et al. Retraction: A type I-secreted, sulfated peptide triggers XA21-mediated innate immunity[J]. Science, 2009, 326(5954): 850-853.

[128] Leipe D D, Wolf Y I, Koonin E V, et al. Classification and evolution of P-loop GTPases and related ATPases[J]. Journal of Molecular Biology, 2002, 317(1): 41-72.

[129] Li C, Yeh F L, Cheung A Y, et al. Glycosylphosphatidylinositol-anchored proteins as chaperones and co-receptors for FERONIA receptor kinase signaling in Arabidopsis[J]. Elife, 2015, 4: e06587.

[130] Li Z, Waadt R, J I S. Release of GTP Exchange Factor Mediated Down-Regulation of Abscisic Acid Signal Transduction through ABA-Induced Rapid Degradation of RopGEFs[J]. Plos Biology, 2016, 14: e1002461.

[131] Lin W, Ma X, Shan L, et al. Big roles of small kinases: The complex functions of receptor-like cytoplasmic kinases in plant immunity and development[J]. Journal of Integrative Plant Biology, 2013, 55(12): 1188-1197.

[132] Lind C, Dreyer I, Lopez-Sanjurjo E J, et al. Stomatal guard cells co-opted an ancient ABA-dependent desiccation survival system to regulate stomatal closure[J]. Current Biology. 2015, 25(7): 928-935.

[133] Lindner H, Müller L M, Boisson-Dernier A, et al. CrRLK1 L receptor-like kinases: Not just another brick in the wall[J]. Current Opinion in Plant Biology, 2012, 15: 659-669.

[134] Ling B, Guozeng Z, Yun Z, et al. Plasma membrane-associated proline-rich extensin-like receptor kinase 4, a novel regulator of Ca signalling, is required for abscisic acid responses in Arabidopsis thaliana[J]. Plant Journal, 2009, 60: 314-327.

[135] Liu B, Li J F, Ao Y, et al. 2013. Lysin motif-containing proteins LYP4 and LYP6 play dual roles in peptidoglycan and chitin perception in rice innate immunity[J]. Plant Cell, 2012, 24(8): 3406-3419.

[136] Liu T, Liu Z, Song C, et al. Chitin-induced dimerization activates a plant immune receptor[J]. Science, 2012, 336(6085): 1160-1164.

[137] Loris R. Principles of structures of animal and plant lectins[J]. Biochimica et Biophysica Acta BBA-General Subjects, 2002, 1572(2-3): 198-208.

[138] Lu D, Wu S, Gao X, et al. A receptor-like cytoplasmic kinase, BIK1, associates with a flagellin receptor complex to initiate plant innate immunity[J]. Proceedings of the National Academy of Sciences, 2010, 107(1): 496-501.

[139] Ma Y, Qin F, Tran L S P. Contribution of Genomics to Gene Discovery in Plant Abiotic Stress Responses[J]. Molecular Plant, 2012, 5(6): 1176-

1178.

[140] Ma Y, Szostkiewicz I, Korte A, et al. Regulators of PP2C phosphatase activity function as abscisic acid sensors[J]. Science, 2009, 324(5930): 1064-1068.

[141] Manavalan L P, Guttikonda S K, Lam-Son T, et al. Physiological and molecular approaches to improve drought resistance in soybean[J]. Plant & Cell Physiology, 2009, 50(7): 1260-1276.

[142] Mang H, Feng B, Hu Z, et al. Differential Regulation of Two-tiered Plant Immunity and Sexual Reproduction by ANXUR Receptor-like Kinases[J]. Plant Cell, 2017, 29(12): tpc. 00464. 02017.

[143] Manna S. An overview of pentatricopeptide repeat proteins and their applications[J]. Biochimie, 2015, 113: 93-99.

[144] Mantri N, Patade V, Pang E. Recent advances in rapid and sensitive screening for abiotic stress tolerance[J]. In Improvement of Crops in the Era of Climatic Changes Springer, 2014: 37-47.

[145] Mao D, Yu F, Li J, et al. FERONIA receptor kinase interacts with S-adenosylmethionine synthetase and suppresses S-adenosylmethionine production and ethylene biosynthesis in A rabidopsis[J]. Plant, cell & environment, 2015, 38(12): 2566-2574.

[146] Marie B, Hélène B B, Christiane L. Identification of nine sucrose nonfermenting 1-related protein kinases 2 activated by hyperosmotic and saline stresses in Arabidopsis thaliana[J]. Journal of Biological Chemistry, 2004, 279(40): 41758-41766.

[147] Masachis S, Segorbe D, Turrà D, et al. A fungal pathogen secretes plant alkalinizing peptides to increase infection[J]. Nature Microbiology, 2016, 1(6): 16043.

[148] Mecchia M A, Santos-Fernandez G, Duss N N, et al. RALF4/19 peptides

interact with LRX proteins to control pollen tube growth in Arabidopsis[J]. Science, 2017, 358(6370): 1600.

[149] Megumi I, Ngo Q A, Tetsuyuki E, et al. Cytoplasmic Ca^{2+}changes dynamically during the interaction of the pollen tube with synergid cells [J]. Development, 2012, 139(22): 4202-4209.

[150] Melcher K, Ng L M, Zhou X E, et al. A gate-latch-lock mechanism for hormone signalling by abscisic acid receptors[J]. Nature, 2009, 462 (7273): 602.

[151] Meng X, Zhang S. MAPK Cascades in Plant Disease Resistance Signaling[J]. Annual Review of Phytopathology, 2013, 51: 245-266.

[152] Michaely P, Bennett V. The ANK repeat: A ubiquitous motif involved in macromolecular recognition[J]. Trends in Cell Biology, 1992, 2(5): 127-129.

[153] Milena R, Benjamin S, Catherine A, et al. The Arabidopsis leucine-rich repeat receptor-like kinases BAK1/SERK3 and BKK1/SERK4 are required for innate immunity to hemibiotrophic and biotrophic pathogens [J]. Plant Cell, 2011, 23(6): 2440-2455.

[154] Miller G, Suzuki N, Ciftci-Yilmaz S, et al. Reactive oxygen species homeostasis and signalling during drought and salinity stresses[J]. Plant cell & environment, 2010, 33(4): 453-467.

[155] Mily R, Adi A. The receptor for the fungal elicitor ethylene-inducing xylanase is a member of a resistance-like gene family in tomato[J]. Plant Cell, 2004, 16(6): 1604-1615.

[156] Mittler R, Vanderauwera S, Gollery M, et al. Reactive oxygen gene network of plants[J]. Trends in plant science, 2004, 9(10): 490-498.

[157] Mittler R, Vanderauwera S, Suzuki N, et al. ROS signaling: The new wave?[J]. Trends in plant science, 2011, 16(6): 300-309.

[158] Mittler R. ROS are good[J]. Trends in plant science, 2017, 22(1): 11-19.

[159] Miyazaki S, Murata T, Sakurai-Ozato N, et al. ANXUR1 and 2, sister genes to FERONIA/SIRENE, are male factors for coordinated fertilization [J]. Current Biology, 2009, 19(15): 1327-1331.

[160] Miyoshi H, Grzegorz S, Kelly S, et al. A peptide hormone and its receptor protein kinase regulate plant cell expansion[J]. Science, 2014, 343(6169): 408-411.

[161] Monaghan J, Zipfel C. Plant pattern recognition receptor complexes at the plasma membrane[J]. Current Opinion in Plant Biology, 2012, 15(4): 349-357.

[162] Morillo S A, Tax F E. Functional analysis of receptor-like kinases in monocots and dicots[J]. Current Opinion in Plant Biology, 2006, 9(5): 460-469.

[163] Mosavi L K, Cammett T J, Desrosiers D C, et al. The ankyrin repeat as molecular architecture for protein recognition[J]. Protein Science A Publication of the Protein Society, 2010, 13(6): 1435-1448.

[164] Moshe S, Robert F. Production of reactive oxygen species by plant NADPH oxidases[J]. Plant Physiology, 2006, 141(2): 336-340.

[165] Moustafa K, Vos L D, Leprince A S, et al. Analysis of the Arabidopsis mitogen-activated protein kinase families: Organ specificity and transcriptional regulation upon water stresses[J]. Scholarly Research Exchange, 2008, 1-12. Article ID 143656, doi: 10. 3814/2008/143656.

[166] Nadeau J A, Sack F D. Control of stomatal distribution on the Arabidopsis leaf surface[J]. Science, 2002, 296(5573): 1697-1700.

[167] Nakagami H, Pitzschke A, Hirt H. Emerging MAP kinase pathways in plant stress signalling[J]. Trends in plant science, 2005, 10(7): 339-346.

[168] Neill S, Desikan R, Hancock J. Hydrogen peroxide signalling[J]. Current

Opinion in Plant Biology, 2002, 5(5): 388-395.

[169]　Nejat N, Rookes J, Mantri N L, et al. Plant-pathogen interactions: Toward development of next-generation disease-resistant plants[J]. Critical reviews in biotechnology, 2017, 37(2): 229-237.

[170]　Nguyen Q N, Lee Y S, Cho LH, et al. Genome-wide identification and analysis of Catharanthus roseus RLK1-like kinases in rice[J]. Planta, 2015a, 241(3): 603-613.

[171]　Niederhuth C E, Cho S K, Seitz K, et al. Letting Go is Never Easy: Abscission and Receptor-Like Protein Kinases[J]. Journal of Integrative Plant Biology, 2013, 55(12): 1251-1263.

[172]　Nissen K S, Willats W G, Malinovsky F G. Understanding CrRLK1 L Function: Cell Walls and Growth Control[J]. Trends in Plant Science, 2016, 21(6): 516-527.

[173]　Noctor G, Mhamdi A, Foyer C H. The roles of reactive oxygen metabolism in drought: Not so cut and dried[J]. Plant physiology, 2014, 164(4): 1636-1648.

[174]　Ogasawara Y, Kaya H, Hiraoka G, et al. Synergistic activation of the Arabidopsis NADPH oxidase AtrbohD by Ca^{2+} and phosphorylation[J]. Journal of Biological Chemistry, 2008, 283(14): 8885-8892.

[175]　Ono E, Wong H L, Kawasaki T, et al. Essential role of the small GTPase Rac in disease resistance of rice[J]. Proceedings of the National Academy of Sciences, 2001, 98(2): 759-764.

[176]　Ouyang S Q, Liu Y F, Liu P et al. Receptor-like kinase OsSIK1 improves drought and salt stress tolerance in rice(oryza sativa)plants[J]. The Plant Journal, 2010, 62(2), 316-329.

[177]　Osakabe Y, Kajita S, Osakabe K. Genetic engineering of woody plants: Current and future targets in a stressful environment[J]. Physiologia

Plantarum, 2011, 142(2): 105-117.

[178] Pan J, Zhang M, Kong X, et al. ZmMPK17, a novel maize group D MAP kinase gene, is involved in multiple stress responses[J]. Planta, 2012, 235(4): 661-676.

[179] Park S Y, Fung P, Nishimura N, et al. Abscisic acid inhibits type 2C protein phosphatases via the PYR/PYL family of START proteins[J]. Science, 2009, 324(5930): 1068-1071.

[180] Perez I B, Brown P J. The role of ROS signaling in cross-tolerance: Frommodel to crop[J]. Frontiers in plant science, 2014, 5: 754.

[181] Petrov V, Hille J, Mueller-Roeber B et al. ROS mediated abiotic stress-induced programmed cell death in plants[J]. Frontiers in plant science, 2015, 6: 69.

[182] Petutschnig E K, Jones A M E, Liliya S, et al. The lysin motif receptor-like kinase LysM-RLK CERK1 is a major chitin-binding protein in Arabidopsis thaliana and subject to chitin-induced phosphorylation[J]. Journal of Biological Chemistry, 2010, 285(37): 28902-28911.

[183] Duan Q H, Daniel Kita, Li C, et al. FERONIA receptor-like kinase regulates RHO GTPase signaling of root hair development[J]. Proceedings of the National Academy of Sciences, 2010, 107(41): 17821-17826.

[184] Renu S, Jian-Xiang L, Hongqing G, et al. Regulation and processing of a plant peptide hormone, AtRALF23, in Arabidopsis[J]. Plant Journal, 2010, 59(6): 930-939.

[185] Roland W, Lajunen H M, Gitte E, et al. Arabidopsis lysin-motif proteins LYM1 LYM3 CERK1 mediate bacterial peptidoglycan sensing and immunity to bacterial infection[J]. Proceedings of the National Academy of Sciences, 2011, 108(49): 19824-19829.

[186] Saifullah B S, Waraich E A. Effects of lead forms and organic acids on the

growth and uptake of lead in hydroponically grown wheat[J]. Commun Soil Sci Plant Anal, 2013, 44(21): 3150-3160.

[187] Sang-Youl P, Pauline F, Noriyuki N, et al. Abscisic acid inhibits type 2C protein phosphatases via the PYR/PYL family of START proteins[J]. Science, 2009, 324(5930): 1068-1071.

[188] Sarvajeet Singh G, Narendra T. Reactive oxygen species and antioxidant machinery in abiotic stress tolerance in crop plants[J]. Plant Physiology and Biochemistry, 2010, 48(12): 909-930.

[189] Schallus T, Jaeckh C, Fehér K, et al. Malectin: A novel carbohydrate-binding protein of the endoplasmic reticulum and a candidate player in the early steps of protein N-glycosylation[J]. Molecular Biology of the Cell, 2008, 19(8): 3404-3414.

[190] Schroeder J I, Kwak J M, Allen G J. Guard cell abscisic acid signalling and engineering drought hardiness in plants[J]. Nature, 2001, 410(6826): 327-330.

[191] Schultz J, Milpetz F, Bork P, et al. SMART, a simple modular architecture research tool: Identification of signaling domains[J]. Proceedings of the National Academy of Sciences, 1998, 95(11): 5857-5864.

[192] Schwessinger B, Bart R, Krasileva K V, et al. Focus issue on plant immunity: frommodel systems to crop species[J]. Frontiers in plant science, 2015, 6: 195.

[193] Schwessinger B, Ronald P C. Plant innate immunity: Perception of conserved microbial signatures[J]. Annual Review of Plant Biology, 2011, 63: 451-482.

[194] Shen Y, Diener A C, Mcdowell J M. Arabidopsis thaliana resistance to fusarium oxysporum 2 implicates tyrosine-sulfated peptide signaling in susceptibility and resistance to root infection[J]. PLoS Genetics, 2013,

9(5): e1003525.

[195] Shi H, Shen Q, Qi Y, et al. BR-SIGNALING KINASE1 physically associates with FLAGELLIN SENSING2 and regulates plant innate immunity in Arabidopsis[J]. Plant Cell, 2013, 25(3): 1143-1157.

[196] Shi J, Zhang L, An H, et al. GhMPK16, a novel stress-responsive group D MAPK gene from cotton, is involved in disease resistance and drought sensitivity[J]. BMC molecular biology, 2011, 12: 22.

[197] Shih H W, Miller N D, Dai C, et al. The receptor-like kinase FERONIA is required for mechanical signal transduction in Arabidopsis seedlings[J]. Current Biology, 2014, 24(16): 1887-1892.

[198] Shimizu T, Nakano T, Takamizawa D, et al. Two LysM receptor molecules, CEBiP and OsCERK1, cooperatively regulate chitin elicitor signaling in rice[J]. Plant Journal, 2010, 64(2): 204-214.

[199] Shin-Han S, Karlowski W M, Runsun P, et al. Comparative analysis of the receptor-like kinase family in Arabidopsis and rice[J]. Plant Cell, 2004, 16(5): 1220-1234.

[200] Shin Han S, Bleecker A B. Expansion of the receptor-like kinase/Pelle gene family and receptor-like proteins in Arabidopsis[J]. Plant Physiology, 2003, 132(2): 530-543.

[201] Shiu S H, Bleecker A B. Plant receptor-like kinase gene family: Diversity, function, and signaling[J]. Science's STKE, 2001a, 113, re22.

[202] Shiu S H, Bleecker A B. Receptor-like kinases from Arabidopsis form a monophyletic gene family related to animal receptor kinases[J]. Proceedings of the National Academy of Sciences, 2001, 98(19): 10763-10768.

[203] Sirichandra C, Gu D, Hu H C, et al. Phosphorylation of the Arabidopsis AtrbohF NADPH oxidase by OST1 protein kinase[J]. Febs Letters, 2009, 583(18): 2982-2986.

[204] Shou H, Bordallo P, Wang K. Expression of the Nicotiana protein kinase NPK1 enhanced drought tolerance in transgenic maize[J]. Journal of experimental Botany, 2004, 55(399): 1013-1019.

[205] Soon F F, Ng L M, Zhou X E, et al. Molecular mimicry regulates ABA signaling by SnRK2 kinases and PP2C phosphatases[J]. Science, 2012, 335(6064): 85-88.

[206] Stegmann M, Monaghan J, Smakowska-Luzan E, et al. The receptor kinase FER is a RALF-regulated scaffold controlling plant immune signaling[J]. Science, 2017, 355(6322): 287.

[207] Stephen, Deslauriers, Paul, et al. FERONIA Is a Key Modulator of Brassinosteroid and Ethylene Responsiveness in Arabidopsis Hypocotyls [J]. Molecular Plant, 2010, 3(3): 626-640.

[208] Stone J R, Yang S. Hydrogen peroxide: A signaling messenger[J]. Antioxid Redox Signal, 2006, 8(3-4): 243-270.

[209] Suharsono U, Fujisawa Y, Kawasaki T, et al. The heterotrimeric G protein α subunit acts upstream of the small GTPase Rac in disease resistance of rice[J]. Proceedings of the National Academy of Sciences of the United States of America, 2002, 99(20): 13307-13312.

[210] Sun W, Cao Y, Jansen Labby K, et al. Probing the arabidopsis flagellin receptor: fls2-fls2 association and the contributions of specific domains to signaling function[J]. Plant Cell, 2012, 24(3): 1096-1113.

[211] Sussmilch F C, Brodribb T J, McAdam SAM. What are the evolutionary origins of stomatal responses to abscisic acid in land plants? [J]. Journal of Integrative Plant Biology, 2017, 59(4): 240-260.

[212] Suzuki N, Koussevitzky S, Mittler R, et al. ROS and redox signalling in the response of plants to abiotic stress[J]. Plant, Cell & Environment, 2012, 35(2): 259-270.

[213] Taguchi-Shiobara F, Yuan Z, Hake S, et al. The fasciated ear2 gene encodes a leucine-rich repeat receptor-like protein that regulates shoot meristem proliferation in maize[J]. Genes & Development, 2001, 15(20): 2755-2766.

[214] Takahashi F, Mizoguchi T, Yoshida R, et al. Calmodulin-Dependent Activation of MAP Kinase for ROS Homeostasis in Arabidopsis[J]. Molecular Cell, 2011, 41(6): 649-660.

[215] Takashi F, Kyonoshin M, Yasunari F, et al. Abscisic acid-dependent multisite phosphorylation regulates the activity of a transcription activator AREB1[J]. Proceedings of the National Academy of Sciences of the United States of America, 2006, 103(6): 1988-1993.

[216] Takken F L, Thomas C M, Joosten M H, et al. A second gene at the tomato Cf-4 locus confers resistance to cladosporium fulvum through recognition of a novel avirulence determinant[J]. Plant Journal for Cell & Molecular Biology, 2010, 20(3): 279-288.

[217] Tanaka H, Osakabe Y, Katsura S, et al. Abiotic stress-inducible receptor-like kinases negatively control ABA signaling in Arabidopsis[J]. Plant Journal for Cell & Molecular Biology, 2012, 70(4): 599-613.

[218] Teige M, Scheikl E, Eulgem T, et al. The MKK2 Pathway Mediates Cold and Salt Stress Signaling in Arabidopsis[J]. Molecular Cell, 2004, 15(1): 141-152.

[219] Tena G, Boudsocq M., Sheen J. Protein kinase signaling networks in plant innate immunity[J]. Current Opinion in Plant Biology, 2011, 14(5): 519-529.

[220] Thomas C M, Jones D A, Parniske M, et al. Characterization of the tomato Cf-4 gene for resistance to Cladosporium fulvum identifies sequences that determine recognitional specificity in Cf-4 and Cf-9[J]. Plant Cell, 1997,

9(12): 2209-2224.

[221] Thomma B P, Nürnberger T, Joosten M H. Of PAMPs and effectors: The blurred PTI-ETI dichotomy[J]. Plant cell, 2011, 23(1): 4-15.

[222] Ting B, Jiyuan K, Runze C, et al. Structure of a PLS-class Pentatricopeptide Repeat Protein Provides Insights into Mechanism of RNA Recognition[J]. Journal of Biological Chemistry, 2013, 288(44): 31540-31548.

[223] Tomonori S, Noriko M, Asahi I, et al. Functional characterization of CEBiP and CERK1 homologs in arabidopsis and rice reveals the presence of different chitin receptor systems in plants[J]. Plant & Cell Physiology, 2012, 53(10): 1696-1706.

[224] Torres M A, Jones J D, Dangl J L. Pathogen-induced, NADPH oxidase-derived reactive oxygen intermediates suppress spread of cell death in Arabidopsis thaliana[J]. Nature Genetics, 2005, 37(10): 1130-1134.

[225] Tran L S P, Nishiyama R, Yamaguchi-Shinozaki K, et al. Potential utilization of NAC transcription factors to enhance abiotic stress tolerance in plants by biotechnological approach[J]. GM crops, 2010, 1(1): 32-39.

[226] Tran L S, Nakashima K, Shinozaki K, et al. Plant gene networks in osmotic stress response: From genes to regulatory networks[J]. Methods in Enzymology, 2007, 428: 109-128.

[227] Tran L S P, Mochida K. Functional genomics of soybean for improvement of productivity in adverse conditions[J]. Functional & Integrative Genomics, 2010, 10(4): 447-462.

[228] Tsuda K, Katagiri F. Comparing signaling mechanisms engaged in pattern-triggered and effector-triggered immunity[J]. Current opinion in plant biology, 2010, 13(4): 459-465.

[229] Tsutomu K, Hisako K, Tomoyuki N, et al. Cinnamoyl-CoA reductase, a

key enzyme in lignin biosynthesis, is an effector of small GTPase Rac in defense signaling in rice[J]. Proceedings of the National Academy of Sciences of the United States of America, 2006, 103(1): 230-235.

[230] Udomchalothorn T, Plaimas K, Comai L, et al. Molecular Karyotyping and Exome Analysis of Salt-Tolerant Rice Mutant from Somaclonal Variation[J]. Plant Genome, 2014, 7: 143656.

[231] Ullrich D, Heike S, Guido D, et al. Calcium-dependent protein kinase/NADPH oxidase activation circuit is required for rapid defense signal propagation[J]. Proceedings of the National Academy of Sciences of the United States of America, 2013, 110(21): 8744-8749.

[232] Umezawa T, Nakashima K, Miyakawa T, et al. Molecular basis of the core regulatory network in aba responses: Sensing, signaling and transport[J]. Plant and Cell Physiology, 2010, 51(11): 1821-1839.

[233] Voorrips R. MapChart: Software for the graphical presentation of linkage maps and QTLs[J]. Journal of heredity, 2002, 93(1): 77-78.

[234] Wang G F, Li W Q, Li W Y, et al. Characterization of Rice NADPH oxidase genes and their expression under various environmental conditions [J]. International Journal of Molecular Sciences, 2013, 14(5): 9440-9458.

[235] Wang G, Long Y, Thomma B P. H J, et al. Functional analyses of the clavata2-like proteins and their domains that contribute to clavata2 specificity[J]. PLANT PHYSIOLOGY, 2010, 152(1): 320-331.

[236] Wang J, Ding H, Zhang A, et al. A novel mitogen-activated protein kinase gene in maize Zea mays, ZmMPK3, is involved in response to diverse environmental cues[J]. Journal of Integrative Plant Biology, 2010, 52(5): 442-452.

[237] Waszczak C, Carmody M., Kangasjärvi J. Reactive Oxygen Species in Plant Signaling[J]. Annual Review of Plant Biology, 2018, 69: 209-236.

[238] Weiss R. A Geometric Characterization of Certain Groups of Lie Type[J]. Embo Journal, 2014, 31(9): 1975-1984.

[239] Wendler P, Ciniawsky S, Kock M, et al. Structure and function of the AAA+nucleotide binding pocket[J]. BBA-Molecular Cell Research, 2012, 1823(1): 2-14.

[240] Wohlbach D, Quirino B, Sussman M. Analysis of the Arabidopsis histidine kinase ATHK1 reveals a connection between vegetative osmotic stress sensing and seed maturation[J]. Plant Cell, 2008, 20(4): 1101-1117.

[241] Wong H, Pinontoan R, Hayashi K, et al. Regulation of rice NADPH oxidase by binding of Rac GTPase to its N-terminal extension[J]. Plant Cell, 2007, 19(12): 4022-4034.

[242] Wood Z A, Poole L B, Karplus P A. Peroxiredoxin evolution and the regulation of hydrogen peroxide signaling[J]. Science, 2003, 300(5619): 650-653.

[243] Wrzaczek M, Brosche M, Kangasjarvi J. ROS signaling loops-production, perception, regulation[J]. Current Opinion in Plant Biology, 2013, 16(5): 575-582.

[244] Wu F, Sheng P, Tan J, Chen X, et al. Plasma membrane receptor-like kinase leaf panicle 2 acts downstream of the DROUGHT AND SALT TOLERANCE transcription factor to regulate drought sensitivity in rice [J]. Journal of Experimental Botany, 2015, 66(1): 271-281.

[245] Wudick M M, Feijó J A. At the intersection: Merging $Ca^{2+}$and ROS signaling pathways in pollen[J]. Molecular plant, 2014, 7(11): 1595-1597.

[246] Xiao D, Cui Y, Xu F, et al. SENESCENCE-SUPPRESSED PROTEIN PHOSPHATASE Directly Interacts with the Cytoplasmic Domain of SENESCENCE-ASSOCIATED RECEPTOR-LIKE KINASE and Negatively Regulates Leaf Senescence in Arabidopsis[J]. Plant Physiology, 2015,

169(2): 1275-1291.

[247] Xie G, Kato H, Imai R. Biochemical identification of the OsMKK6-OsMPK3 signalling pathway for chilling stress tolerance in rice[J]. Biochemical Journal, 2012, 443(1): 95-102.

[248] Xiong L, Yang Y. Disease resistance and abiotic stress tolerance in rice are inversely modulated by an abscisic acid-inducible mitogen-activated protein kinase[J]. Plant Cell, 2003, 15(3): 745-759.

[249] Chen X, Chern M, Canlas P E, et al. An ATPase promotes autophosphorylation of the pattern recognition receptor XA21 and inhibits XA21-mediated immunity[J]. Proceedings of the National Academy of Sciences of the United States of America, 2010, 107(17): 8029-8034.

[250] Yadong S, Lei L, Macho A P, et al. Structural basis for flg22-induced activation of the Arabidopsis FLS2-BAK1 immune complex[J]. Science, 2013, 342(6158): 624-628.

[251] Yamada K, Yamaguchi K, Yoshimura S, et al. Conservation of chitin-induced MAPK signaling pathways in rice and Arabidopsis[J]. Plant & Cell Physiology, 2017, 58(6): 993-1002.

[252] Yamaguchi K, Yamada K, Ishikawa K, et al. A Receptor-like Cytoplasmic Kinase Targeted by a Plant Pathogen Effector Is Directly Phosphorylated by the Chitin Receptor and Mediates Rice Immunity[J]. Cell Host & Microbe, 2013, 13(3): 347-357.

[253] Yan Z, Sheila M C. A distinct mechanism regulating a pollen-specific guanine nucleotide exchange factor for the small GTPase Rop in Arabidopsis thaliana[J]. Proceedings of the National Academy of Sciences of the United States of America, 2007, 104(47): 18830-18835.

[254] Yang L, Ji W, Zhu Y, et al. GsCBRLK, a calcium/calmodulin-binding receptor-like kinase, is a positive regulator of plant tolerance to salt and

ABA stress[J]. Journal of Experimental Botany, 2010, 61(9): 2519-2533.

[255] Yang T, Wang L, Li C, et al. Receptor protein kinase FERONIA controls leaf starch accumulation by interacting with glyceraldehyde-3-phosphate dehydrogenase[J]. Biochemical and biophysical research communications, 2015a, 465(1): 77-82.

[256] Yang T, Wang L, Li C, et al. Receptor protein kinase FERONIA controls leaf starch accumulation by interacting with glyceraldehyde-3-phosphate dehydrogenase[J]. Biochemical & Biophysical Research Communications, 2015b, 465(1): 77-82.

[257] Yang T, Chaudhuri S, Yang L, et al. A calcium/calmodulin-regulated member of the receptor-like kinase family confers cold tolerance in plants[J]. Journal of Biological Chemistry, 2010, 285(10): 7119-7126.

[258] Yang T, Chaudhuri S, Yang L, et al. Calcium/calmodulin up-regulates a cytoplasmic receptor-like kinase in plants[J]. Journal of Biological Chemistry, 2004, 279(41): 42552-42559.

[259] Yang Z, Fu Y. ROP/RAC GTPase signaling[J]. Current Opinion in Plant Biology, 2007, 10(5): 490-494.

[260] Yeh Y H, Panzeri D, Kadota Y, et al. The Arabidopsis Malectin-Like/LRR-RLK IOS1 is Critical for BAK1-Dependent and BAK1-Independent Pattern-Triggered Immunity[J]. Plant Cell, 2016, 28(7): 1701-1721.

[261] Yu F, Li J, Huang Y, et al. FERONIA receptor kinase controls seed size in Arabidopsis thaliana[J]. Molecular plant, 2014, 7(5): 920-922.

[262] Yu F, Qian L, Nibau C, et al. FERONIA receptor kinase pathway suppresses abscisic acid signaling in Arabidopsis by activating ABI2 phosphatase[J]. Proceedings of the National Academy of Sciences, 2012, 109(36): 14693-14698.

[263] Yu X, Feng B, He P, et al. From Chaos to Harmony: Responses and Signaling Upon Microbial Pattern Recognition[J]. Annual Review of Phytopathology, 2017, 55: 109-137.

[264] Yuan X, Zhang S, Liu S, et al. Global analysis of ankyrin repeat domain C3HC4-type RING finger gene family in plants[J]. Plos One, 2013, 8(3): e58003.

[265] Yue M, Izabela S, Arthur K, et al. Regulators of PP2C phosphatase activity function as abscisic acid sensors. Science, 2009, 324(5930): 1064-1068.

[266] Yuriko O, Kyonoshin M, Motoaki S, et al. Leucine-rich repeat receptor-like kinase1 is a key membrane-bound regulator of abscisic acid early signaling in Arabidopsis[J]. Plant Cell, 2005, 17(4): 1105-1119.

[267] Zelicourt A D, Colcombet J, Hirt H. The Role of MAPK Modules and ABA during Abiotic Stress Signaling[J]. Trends in Plant Science, 2016, 21(8): 677-685.

[268] Zhang J, Li W, Xiang T, et al. Receptor-like Cytoplasmic Kinases Integrate Signaling from Multiple Plant Immune Receptors and Are Targeted by a Pseudomonas syringae Effector[J]. Cell Host & Microbe, 2010, 7(4): 290-301.

[269] Zhang L, Xi D, Li S, et al. A cotton group C MAP kinase gene, GhMPK2, positively regulates salt and drought tolerance in tobacco[J]. Plant molecular biology, 2011, 77(1-2): 17-31.

[270] Zhang M, Liu B. Identification of a rice metal tolerance protein OsMTP11 as a manganese transporter[J]. Plos one. 2017, 12(4): e0174987.

[271] Zhang M, Chiang Y H, Toruño T Y, et al. The MAP4 kinase SIK1 ensures robust extracellular ROS burst and antibacterial immunity in plants[J]. Cell host & microbe, 2018, 24(3): 379-391.

[272] Zhang Q, Jia M, Xing Y, et al. Genome-Wide Identification and Expression Analysis of MRLK Family Genes Associated with Strawberry Fragaria vesca Fruit Ripening and Abiotic Stress Responses[J]. Plos One, 2016, 11(9): e0163647.

[273] Zhang Y, Zhu H, Zhang Q, et al. Phospholipase Dα1 and Phosphatidic Acid Regulate NADPH Oxidase Activity and Production of Reactive Oxygen Species in ABA-Mediated Stomatal Closure in Arabidopsis[J]. Plant Cell, 2009, 21(8): 2357-2377.

[274] Zhou J M, Yang W C. Receptor-like kinases take center stage in plant biology[J]. Science China Life Sciences, 2016, 59(9): 863-866.

[275] Zhu J K. Salt and drought stress signal transduction in plants[J]. Annual review of plant biology, 2002, 53: 247-273.

[276] Zuckerkandl E, Pauling L. Evolutionary Divergence and Convergence in Proteins[J]. Evolving Genes & Proteins, 1965, 97: 97-166.

附　录

附录 A　实验所用引物信息

基因名称	基因登录号	引物序列
实时定量 PCR		
OsActin1	LOC-Os03g50885	F：GTGGTCGCCCCTCCTGAAAG
		R：GGCTTAGCATTCTTGGGTCCG
OsMRLP15	LOC_Os09g19380	F：CATTGGGACGAACTACTGGG
		R：AGAAACACCGCGAACTGGC
OsMAPKKK1	LOC_Os03g06410	F：GCAGTCGGCTTCCAGGACAA
		R：TGCAAACGAGGGCCGCAAAT
OsMAPKK2	LOC_Os10g29540	F：TGTGCAGCACCAGGTCGTAA
		R：CAGGCGTTCTCCAGTGGCA
OsMAPKKK4	LOC_Os02g12810	F：GCAATTGCCGCGCAGGATAG
		R：CGGACCGCCCATAGCATCAA
OsMAPKKK11	LOC_Os07g02780	F：ACGACACCAACTGCTCAAGGTC
		R：TCCGCGGAGATGAAGTTGCC
OsMAPKKK18	LOC_Os03g55560	F：GCGATCTCCTCGCTCCAGTC
		R：CCCATTGCCCTCAGGACGAG

续表

基因名称	基因登录号	引物序列
OsMAPKKK24	LOC_Os04g56530	F：CGTGGCACGTGAGTACCTTGA
		R：GCCGTGCAAGAAGGCTTTGG
OsMKK1	LOC_Os06g05520	F：GGCGCCAGAAAGAATCAGTGG
		R：GGGTGGTCGACAACAGCTTCA
OsMKK3	LOC_Os06g27890	F：ATGAAGGCCCAGCCAACCTC
		R：AGGCCTTGCATCAGCGTCTT
OsMKK4	LOC_Os02g54600	F：GCCCTCATGTGCGCGATTTG
		R：GGCGACGAACCGATGTTGGA
OsMKK5	LOC_Os06g09180	F：CATCTGGAGCTTCGGCCTCA
		R：GGGAGGGTCGGAATAGCAGA
OsMKK6	LOC_Os01g32660	F：TGGGTCAGCGGGATACGTTTG
		R：GGGAACCGACCAATGGCACA
OsMAPK3	LOC_Os03g17700	F：TACGGGATCGTCTGCTCCGT
		R：TCGAGGTGCCTGAGGAGCTT
OsMAPK4	LOC_Os10g38950	F：CCGCAACATGTCTGCTGGTG
		R：GCTGGGCAGGTGGGTTCTTC
OsMAPK6	LOC_Os06g06090	F：CCGAGACTTGAAGCCCAGCA
		R：CAACAGAAGTTCCGGTGCCCTA
OsMAPK7	LOC_Os06g48590	F：TGCTCTGCTGCGACAATTAC
		R：GCCAAGAAGCTCAGCAAAGA
OsMAPK14	LOC_Os02g05480	F：CTTTGCGGGAGCTGAAACTT
		R：TGGAAAGACCCTGAGGTGAC
OsRacGEF1	LOC_Os09g37270	F：GGATCGTGGTTGATGACAGC
		R：CAATCCCTGTCCTGTTGCAG
OsRacGEF2	LOC_Os05g48640	F：AGTCCACCCTTGGAGATTCA
		R：CCAAATGACCACAGAGGCTT
OsRacGEF3	LOC_Os02g17240	F：ACATGGACAACTTCGTGGAC
		R：TTCCTCGTCACCTCCGATAG

续表

基因名称	基因登录号	引物序列
OsRacGEF4	LOC_Os02g47420	F：CCTCAAAGCTGCGATGTCAA
		R：CAGCTCTGCCAGACTTAGGA
OsRacGEF5	LOC_Os01g62990	F：GTGACAAAGCGAGGAAGCAA
		R：ATTGCTGTTGATGGCCAAGG
OsRacGEF6	LOC_Os01g48410	F：ATCAAGGAGAAGGCCCAGTC
		R：TGTCCTCGTGTTCTTGCTCT
OsRacGEF7	LOC_Os10g40270	F：AACCTCTACGCTAATGCAGC
		R：CGATGTAGTCGCATACGGAG
OsRacGEF8	LOC_Os01g55520	F：CTCGTCTGATCTCTGCTCGT
		R：TCCGAGCACGAGTCGCGCTT
OsRacGEF9	LOC_Os04g47170	F：GAGCTGTACAAGCAAACGCT
		R：GGTACTCCGGCGAGAACTT
OsRacGEF10	LOC_Os05g38000	F：ACACGGAGAAGAGAGACGAC
		R：CTCCAGAACCCTCGAGTAGC
OsRacGEF11	LOC_Os07g29780	F：AGACTACCCTGGACACAAGC
		R：TTTCCAGCACCCTCGAGTAG
OsRac1	LOC_Os01g12900	F：TAGTACAGCAACCAGCAAGAACAAA
		R：ACTTGATGAACCTCGTCGCC
OsRac2	LOC_Os05g43820	F：GCTGCTTGTCTCTGTTCGCC
		R：CGCTCATCTCGCCTACTAGGAC
OsRac3	LOC_Os02g50860	F：CCTCCTCCCATCTTGTCTCCT
		R：TCACTCCCGTTTCACCGAG
OsRac4	LOC_Os06g12790	F：CGCTTCACCAAGAAGCCATC
		R：GCCGGCCGAATCGAG
OsRac5	LOC_Os02g58730	F：ACCGGATGCGCTGGC
		R：ACGGTGACGCACTTGATGAAC
OsRac6	LOC_Os02g02840	F：TGCGGCAATAAAGGTGGTG
		R：CCCCTTTGCGCCTTTTTC

基因名称	基因登录号	引物序列
OsRac7	LOC_Os02g20850	F：CAACCAAGAACAAGTTTTCAGGG
		R：CGGTGACGCACTTGATGAAC
OsRbohA	LOC_Os01g53294	F：ATCCGCAAAATAAGCACCTCT
		R：CAGTAGCCCATCACATCAAAGAC
OsRbohB	LOC_Os01g25820	F：GGCTTCAATGCCTTCTGGT
		R：ATGGCTCCTAAACAACCGA
OsRbohC	LOC_Os05g45210	F：CCAGTGGGTGGGAAAAGTG
		R：GTCCGATTGGCGGGTAAA
OsRbohD	LOC_Os05g38980	F：CACAAGGTTATCGCACTGACG
		R：AGCGATGAGTATGTTGGTTGA
OsRbohE	LOC_Os01g61880	F：TCAAGGCAGCGATTACCC
		R：CTCGCAAGCCTTCCCAAA
OsRbohF	LOC_Os08g35210	F：CCTTTCTCCATCACTTCAGCA
		R：GGGCCATCTACAAGCAACC
OsRbohG	LOC_Os09g26660	F：GTCAAATGCTTATGCTGTCA
		R：TGTCCAGTCTCCCTTTGTT
OsRbohH	LOC_Os12g35610	F：TACTTCGGGCAGACACGGAT
		R：GCGGGTTGCTGTCACTAAG
OsRbohI	LOC_Os11g33120	F：ACCTTACCTGCGATTTTCCA
		R：ACGAAGCAGTGGTGGGAGT
OsMRLK63	LOC_Os09g19390	F：TTTATCTTAGCGACACGCAATC
		R：CCGTAGTCATTGATGGCCTTT
OsMRLK13	LOC_Os04g22470	F：ACAAGGATCAGGCGCTCGAA
		R：CGACATTGGTGGTCGCTGGT
OsMRLK16	LOC_Os04g52606	F：GTGGTGACGAAGCCGAGCTA
		R：CTGACGTCGCTGCCCATGAA
OsMRLK24	LOC_Os05g16824	F：AGGCTGCCTCCAACAAGACAC
		R：GCCAAGGCTCGTGGGATCTG

续表

基因名称	基因登录号	引物序列
OsMRLK33	LOC_Os05g25450	F：TGTCCAAGGCCGGTCCAAAC
		R：GCACAGGACCTCGAACAGCA
OsMRLK41	LOC_Os06g22810	F：GGTTGCAGTGAAGCGAGGGA
		R：CCGCAGCCGTGAAAGGAGTT
OsMRLK50	LOC_Os09g17630	F：GGGCATTTAGCAGCACTGGGA
		R：CCGAGTTGGGCACCGTCAAT
OsMRLK55	LOC_Os09g18230	F：GCGCCAGTTCCAAGCCTACA
		R：AGCTGTCAGTTGCGGCAAGA
OsMRLK59	LOC_Os09g18594	F：ACGAAGCATGGGCGCAAGTA
		R：TTGTGGCGGCTGTCTTCAGG
OsMRLK64	LOC_Os10g39010	F：GTCGTCCGCCTCCACTTCTG
		R：CGGGTACCCATGGCTTGCAT
OsMRLK66	LOC_Os12g01200	F：TCTCCCTCCGAAGCCGTCAA
		R：TACCTGAGACCTGGGCGCAT
OsXCP2	LOC_Os05g01810	F：TCAGGTACGGGAAGATGAGC
		R：CTGGTTCTTCACCTCCGTCA
OsGAT1	LOC_Os01g66500	F：GCTTGATGGAGAAGGTGCAG
		R：GAGCTGCCATGGAAAGACTG
OsPOX1	LOC_Os06g01934	F：CGACGAAGACGAAGACGAAG
		R：TCGAAGGAGGAGATGATGGC
载体构建		

转基因载体所用引物		
p1301-OsMRLP15-OE	F：GGATCCATGACTGCATATGCAGGTTTCTT	
	R：GGATCCAATAAGACGAACATCTATTCTAC	
p1301-OsMRLP15-RNAi-S	F：CTCGAGGGTGCCTACACGGACATTGAT	
	R：GAATTCGCCTCAGCTCAACCGACGAC	
p1301-OsMRLP15-RNAi-A	F：TCTAGAGGTGCCTACACGGACATTGAT	
	R：AAGCTTGCCTCAGCTCAACCGACGAC	

续表

p1301-OsMRLK63-OE	F：	CGGGATCCATGGCCCTCTTGCTTTTCTTC
	R：	CGGGATCCTCTTGCAGATGGATCAAATGT
p1301-OsMRLK63-RNAi-S	F：	CTCGAGGCATGGGGTGATATCTAGTAA
	R：	GAATTCTCAGCTCATCGTAGGTGAAAT
p1301-OsMRLK63-RNAi-A	F：	TATAGAGCATGGGGTGATATCTAGTAA
	R：	AAGCTTTCAGCTCATCGTAGGTGAAAT

LCI 实验所用引物

JW772-RbohA	F：	GGGGTACCATGCGTGGTGGCGCAAGTTCAG
	R：	ACGCGTCGACGAAATGCTCCTTATGGAATTCGA
JW772-RbohB	F：	CGGGATCCCATGGCTGACCTGGAAGCAGGC
	R：	GCGTCGACTTAGAAGTTCTCCTTGTGGAAATC
JW772-RbohC	F：	CGGGATCCCATGAGGGCGGGAATCGGCAGC
	R：	GCGTCGACTTAGAAATGCTCCTTGTGAAACTC
JW771-OsMRLK63	F：	CGGGATCCCGATGGCCCTCTTGCTTTTCTTC
	R：	GCGTCGACTCTTGCAGATGGATCAAATGT
JW772-OsMRLK63	F：	CGGGATCCCATGGCCCTCTTGCTTTTCTTC
	R：	GCGTCGACTCTTGCAGATGGATCAAATGT
JW772-OsMRLP15	F：	GGGGTACCATGACTGCATATGCAGGTTTCTTGAG
	R：	ACGCGTCGACACTAATAAGACGAACATCTATTCTAC
JW771-GEF	F：	GGGGTACCATGGCGAGCGCGTCGGAGGAC
	R：	ACGCGTCGACGTCTCTTTCAGGGGCATCTC

酵母双杂交所用引物

pPR3-SUC-OsMRLP15	F：	CAATCTATTTTATGTAATGGCCATTACGGCCATGACTGCATATGCAGGTTTC
	R：	TATCGAATTCCTGCAGATGGCCGAGGCGGCCTTAATAAGACGAACATCTATTCTAC
pBT3-STE-OsRacGEF1	F：	GGTAATGGCCATTACGGCCATGGCGAGCGCGTCGGAGGAC
	R：	GCAGATGGCCGAGGCGGCCTCTCTTTCAGGGGCATCTCCT
pBT3-N-RbohA	F：	CTGCAGGGCCATTACGGCCATGCGTGGTGGCGCAAGTTCAG
	R：	CCATGGGGCCGAGGCGGCCTTGAAATGCTCCTTATGGAATTCGA
pBT3-STE-OsMRLK63	F：	GGTAATGGCCATTACGGCCATGGCCCTCTTGCTTTTCTTCG
	R：	GCAGATGGCCGAGGCGGCCTTTCTTGCAGATGGATCAAATGTA

续表

pPR3-SUC-OsMRLK63	F：	GGTAATGGCCATTACGGCCCGATGGCCCTCTTGCTTTTCTTCG
	R：	TCTCGAGAGGCCGAGGCGGCCGATCTTGCAGATGGATCAAATGTA
pPR3-C-OsMRLK63	F：	GGTAATGGCCATTACGGCCCGATGGCCCTCTTGCTTTTCTTCG
	R：	TCTCGAGAGGCCGAGGCGGCCGATCTTGCAGATGGATCAAATGTA
pPR3-SUC-OsRacGEF1	F：	GCAATGGCCATTACGGCCATGGCGAGCGCGTCGGAGGAC
	R：	GGCCGAGGCGGCCTTGTCTCTTTCAGGGGCATCTCCTG
pGBKT7-OsMRLK63-KD	F：	GGAATTCATGCGCCATTTCACCTACGATG
	R：	CGGGATCCCTCATCTTGCAGATGGATCAAATG
pGADT7-OsRacGEF1	F：	GGAATTCATGGCGAGCGCGTCGGAGGACGACG
	R：	CGGGATCCCTCAGTCTCTTTCAGGGGCATCTCC
pGADT7-OsRbohA-ND	F：	GGAATTCCATATGATGCGTGGTGGCGCAAGTTCAG
	R：	CCGCTCGAGTTATTTACGTAAACCCGCCAGA
pGADT7-PRONE	F：	GGAATTCATGCTCTCCGAGGTGGACATGATGAAG
	R：	CGGGATCCCTCAGGCAGACTTCTTTGTTGCATC
亚细胞定位所用引物		
p1301-GEF-mCherry	F：	TCTAGAATGGCGAGCGCGTCGGAGGACGAC
	R：	GGTACCGTCTCTTTCAGGGGCATCTCCTG
p1301-OsMRLK63-eGFP	F：	GGGGATCCATGGCCCTCTTGCTTTTCTTC
	R：	GGGGATCCTCTTGCAGATGGATCAAATGT
p1301-OsMRLP15-eGFP	F：	GGATCCATGACTGCATATGCAGGTTTCTT
	R：	GGATCCAATAAGACGAACATCTATTCTAC
PULL-DOWN 所用引物		
pET32a-OsMRLP15	F：	CGGAATTCCATATGATGACTGCATATGCAGGTTTCTTGAG
	R：	CCGGTCGACAATAAGACGAACATCTATTCTAC
pMAL-OsRacGEF1	F：	CGGAATTCCATATGATGGCGAGCGCGTCGGAGGACG
	R：	CCGGTCGACGTCTCTTTCAGGGGCATCTCCTG
pET15b-OsMRLK63-KD	F：	GGAATTCATGCGCCATTTCACCTACGATG
	R：	CCGCTCGAGTCATCTTGCAGATGGATCAAATG
pMAL-OsRbohA-ND	F：	GGAATTCATGCGTGGTGGCGCAAGTTCAGGTCCGC
	R：	CCGCTCGAGTTTACGTAAACCCGCCAGATTCTGGCTC

Co-IP 所用引物		
p1301-OsMRLP15-eGFP	F：CGGGATCCCGATGACTGCATATGCAGGTTTC	
	R：GACTAGTAATAAGACGAACATCTATTCTAC	
p1300-OsRacGEF1-cMYC	F：CGGGATCCCGATGGCGAGCGCGTCGGAGGAC	
	R：GACTAGTGTCTCTTTCAGGGGCATCTCC	
p1307-OsMRLK63-KD-Flag	F：CGGGATCCCGATGCGCCATTTCACCTACGATG	
	R：GACTAGTTCTTGCAGATGGATCAAATGT	
p1301-OsRbohA-ND-eGFP	F：CGGGATCCCGATGCGTGGTGGCGCAAGTTCAG	
	R：GGGGTACCTTTACGTAAACCCGCCAGATTCTGGCTC	
部分测序引物		
pBT-STE	F：TGGCATGCATGTGCTCTG	
	R：GTAAGGTGGACTCCTTCT	
pPR-STE	F：TTTCTGCACAATATTTCAAGC	
	R：CTTGACGAAAATCTGGATGG	
pBT3-N	F：CAGAAGGAGTCCACCTTAC	
	R：AAGCGTGACATAACTAATTAC	
NOST-R	TGACATGATTACGAATTCCCGA	
1301-GFP-R	GCTGAACTTGTGGCCGTTTACGT	
1301-CHERRY-R	TCAGCTTGGCGGTCTGGGTG	
OsMRLP15 互作蛋白全长拼接引物		
OsPOX1-overlap-F1-EcoR1	CGGAATTCATGATGGCGGCCCATCATCATCATCA	
OsPOX1-overlap-R1	GCTTCCATAGCCTCACCCTTGCATTG	
OsPOX1-overlap-F2	CAATGCAAGGGTGAGGCTATGGAAGC	
OsPOX1-overlap-R2-BamH1	CGGGATCCCTTAGCTAGCTCCTGCAAAATC	
OsGAT1-overlap-Rec-F1-Xma1	GAGGCCAGTGAATTCCACCCGGGTATGGCATCTCCGGGTGAAATGTCAGT	
OsGAT1-overlap-R1	TCCAGAAAGCTTTGTGCTTGTAAC	
OsGAT1-overlap-F3	GTGATGGAGGTCTTATTGTGAGTGTTC	

续表

OsGAT1-overlap-R3	TTCATCTGTAAATTTGGGAGTGAAAGA
OsGAT1-overlap-F4	TCTTTCACTCCCAAATTTACAGATG
OsGAT1-overlap-Rec-R4-Xho1	CTACGATTCATCTGCAGCTCGAGCTTATGAACACCATTCTCTAGCATTCT
OsXCP2-overlap-F1-EcoR1	CGGAATTCATGGAGACGAAGGTGACCGT
OsXCP2-overlap-R1	TCTTCTTCCTCCAGTCCATCTCCT
OsXCP2-overlap-F2	AGGAGATGGACTGGAGGAAGAAGA
OsXCP2-overlap-R2-BamH1	CGGGATCCCTTAGTTGTCCTTGGTGGGGT
OsXCP2PJ-F-1	AGGTGACCGTGGGCGTCGTCCTCCTGCTGCTGTGCCTGTG
OsXCP2PJ-F-2	TGCTGCTGTGCCTGTGCGGCGGCGCCGCGTGCGCCGCCGG
OsXCP2PJ-F-3	GCGCCGCCGGCCGCAGCGGCGGCGAGTTCTCCATTGTCGG

附录 B 主要符号对照表

缩略语	英文全称	中文全称
RLK	Receptor-like protein kinases	类受体蛋白激酶
RLP	Receptor-like protein	类受体蛋白
RLCK	Receptor-like cytoplasmic kinases	胞质类受体蛋白激酶
MP	Malectin/malectin-like domain containing proteins	包含 Malectin/malectin-like 结构域的蛋白质
MRLK	Malectin/malectin-like receptor-like kinases	包含 Malectin/malectin-like 结构域的类受体激酶
MRLP	Malectin/malectin-like receptor-like proteins	包含 Malectin/malectin-like 结构域的类受体蛋白
PAMP	Pathogen associated molecular patterns	病原菌相关分子模式
DAMP	Damage-associated molecular patterns	损伤相关分子模式
CrLRK1 Ls	*Catharanthus roseus* receptor-like kinase 1-like proteins	长春花类受体激酶类蛋白

缩略语	英文全称	中文全称
PRR	Pattern Recognition Receptors	模式识别受体
PTI	PAMP triggered immunity	PAMP 触发的免疫反应
ETI	Effector-triggered immunity	效应器触发的免疫反应
HR	Hypersensitive Response	过敏反应
MAPK	Mitogen-Activated Protein Kinase	有丝分裂原活化蛋白激酶
GEF	guanine nucleotide exchange factors	鸟嘌呤核苷酸交换因子
RALF	Rapid Alkalinization Factor	细胞快速碱化因子
NCBI	National Center for Biotechnology Information	国家生物技术信息中心
MSU	Rice Genome Annotation Project	水稻基因组注释工程
RAP	Rice Annotation Project Database	水稻注释工程数据库
ABA	Abscisic acid	脱落酸
SA	Salicylic acid	水杨酸
GA	Gibberellin	赤霉素
MeJA	Methyl Jasmonate	茉莉酸甲酯
MV	Methyl Viologen	甲基紫精
PEG6000	Polyethylene Glycol 6000	聚乙二醇 6000
ORF	Open Reading Frame	开放读码框
CDS	Coding Sequence	编码序列
OE	Overexpression	过表达
RNAi	RNA interfere	RNA 干扰
MES	2-(N-Morpholino) ethanesulfonic acid hydrate	2-（N-吗啉代）乙磺酸
AS	Acetosyringone	乙酰丁香酮
pI	Theoretical pI	等电点
MV	Molecular weights	相对分子质量
II	Instability index	不稳定性指数
AI	Aliphatic index	脂肪指数
GRAVY	Grand average of hydropathicity	亲水性总平均
Zn	Zinc	锌
Co	Cobalt	钴
Ni	Nickel	镍
Mn	Manganese	锰

续表

缩略语	英文全称	中文全称
Fe	Iron	铁
Cd	Cadmium	镉
Pb	Lead	铅
ROS	Reactive Oxygen Species	活性氧
Rboh	Rrespiratory Burst Oxidase Homolog Proteins	NADPH 氧化酶
H_2O_2	Hydrogen Peroxide	过氧化氢
O_2^-	Superoxide Anion	超氧阴离子
NOX	NADPH oxidase	NADPH 氧化酶
qRT-PCR	Quantitative Real-time PCR	实时荧光定量 PCR
DAB	3，3-Diaminobenzidine	二氨基联苯胺
NBT	Tetranitroblue tetrazolium chloride	四唑硝基蓝
GUS	β-glucuronidase	葡萄糖苷酸酶
GFP	Green Fluorescent Protein	绿色荧光蛋白
mCHERRY	mCHERRY Fluorescent Protein	红色荧光蛋白
SDS	Sodium Dodecyl Sulfate	十二烷基苯磺酸钠
PMSF	Phenylmethane Sulfonyl Filoride	苯甲基黄酰氟
DTT	Dithi othreitol	二硫苏糖醇
Co-IP	Co-Immunoprecipitation	免疫共沉淀
BiFC	Bimolecular Fluorescence Complementation	双分子荧光互补
LCI	Firefly luciferase complementation imaging assay	萤火虫荧光素酶互补成像
ATP	Adenosine Nucleoside Triphosphate	腺嘌呤核苷三磷酸
GTP	Guanine Nucleoside Triphosphate	鸟嘌呤核苷三磷酸
GDP	Guanine Nucleoside Diphosphate	鸟嘌呤核苷二磷酸
PNG	Peptidoglycan	肽聚糖
FER/SIR	FERONIA/SIRENE	
THE1	THESEUS1	
HERK1	HERCULES1	
HERK2	HERCULES2	
ANX1	ANXUR1	
ANX2	ANXUR2	
ERU/CAP1	ERULUS/$[Ca^{2+}]_{cyt}$-ASSOCIATED PROTEIN KINASE 1	

缩略语	英文全称	中文全称
CVY1	CURVY1	
BUPS1	BUDDHA'S PAPER SEAL1	
BUPS2	BUDDHA'S PAPER SEAL2	
FLS2	FLAGELLIN SENSITIVE2	
BAK1	BRASSINOSTEROID INSENSITIVE 1-ASSOCIATED RECEPTOR KINASE 1	
EFR	ELONGATION FACTOR TURECEPTOR	
BIK1	BOTRYTIS-INDUCED KINASE 1	
PDF1. 2	PLANT DEFENSIN 1.2	
Pto DC 3000	Pseudomonas syringae pv. tomato DC 3000	
S1P	SITE-1 PROTEASE	